논 생태계

수서갑각류 및 패류 도감

농촌진흥청 著

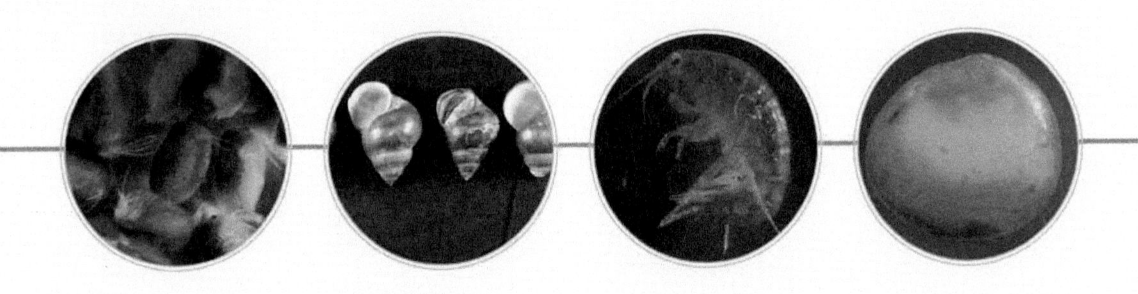

발 간 사

논 생태계는 홍수와 한발을 조절하는 기후조절 역할, 침식방지 등 환경적으로 다양한 기능을 하고 있습니다. 논은 우리의 주식인 쌀을 제공하는 것 이외에 수서무척추동물 및 척추동물들이 함께 공존하는 습지 생태계로서 중요한 역할을 하고 있습니다.

생물의 다양성은 국가 간의 자원경쟁과 맞물려 국가의 주권으로 인식되고 있으며, 이에 따라 세계 각 국은 생물다양성 유지를 위한 많은 전략들을 구상하고 있습니다. 농업생태계에도 작물 외에 다양한 서식생물이 그 보금자리를 차지하고, 그 중 논과 하천의 물 환경에서 서식하는 수서무척추동물은 논 생태계를 유지하는데 매우 중요한 지위를 차지하고 있습니다.

우리나라 국민들은 높아진 소득수준으로 인해 농산물의 질적 향상에 대한 요구가 증대되고 있습니다. 특히, 환경보전에 대한 국민의 관심과 건전한 농산물을 생산하는 장으로서의 농업생태계의 중요성이 날로 높아지고 있습니다. 이런 요구에 부응하기 위하여, 그 동안 우리 청은 지난 15년간에 걸친 연구를 통하여 논에 서식하는 수서갑각류 · 패류 87종류를 정리하여 2012년에 도감으로 발간하고자합니다.

이 도감을 활용하여 농업생태계의 생물다양성과 건전성을 보전하여 농촌에 새로운 성장 동력을 창출하는 데에 많은 도움이 될 것을 기대합니다.

국립농업과학원장 라 승 용

목 차

A. 갑각류

B. 패 류

A. 갑각류

1. 풍년새우 *Branchinella kugenumaensis* (Ishikawa)

절지동물문〉갑각강〉무갑목〉풍년새우과
ARTHROPODA〉Crustacea〉Anostraca〉Thamnocephalidae

◉ 특징

체장은 15-20mm, 체형은 가늘고 길며 원통형이다. 머리와 20마디의 몸통, 2개의 납작한 채찍 모양의 꼬리로 이루어져 있다. 갑각은 없으며 한쌍의 자루가 달린 눈이 있다. 수컷은 큰 촉각이 2개이며 기부에 서로 유합되어 있다. 큰 촉각에는 4-6개의 길다란 돌기가 몸 안쪽을 향해 뻗어있다. 앞 부속지는 1개의 주 가지 위에 각각 3개씩의 곁가지가 양쪽으로 뻗어있고, 중앙의 곁가지가 가장 작다. 암컷의 큰 촉각은 끝이 뾰족한 나뭇잎 모양이고, 작은 촉각은 원통형이다. 그 끝에 2종류의 감각 털들이 있다. 몸통은 원통형이며 11쌍의 부속지가 있는데, 부속지들의 모양은 나뭇잎 모양으로 넓적하며 서로 비슷한 모양을 하고 있다. 또한 수컷의 생식기는 아래쪽이 함몰되어 있으며 안쪽으로 접을 수 있다.

◉ 생태

벼 이앙시기에 유생(풍년새우 유충)이 출현한다. 녹조류를 주로 먹으며 몸은 짙은 녹색을 띠고 있다. 풍년새우는 등을 바닥으로 향하고 헤엄을 치는 특징이 있다. 화학비료 없이 퇴비만을 이용하여 농사를 짓던 시절에는 풍년새우가 많이 발생하면 풍년이 든다고 생각했다. 왜냐하면 풍년새우가 많이 발생한다는 것은 그 만큼 유기물 또는 영양분이 풍부하다는 뜻이기 때문이다.

◉ 분포

한국, 중국, 일본, 인도, 태국

사진 1-1. 풍년새우(군생으로 배영)

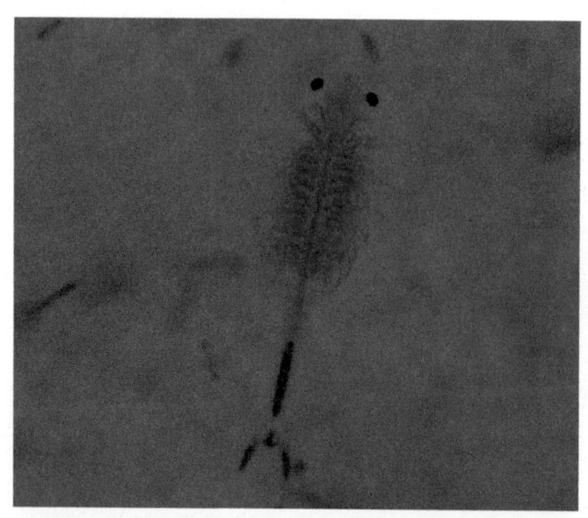

사진 1-2. 풍년새우(♂, 배영)

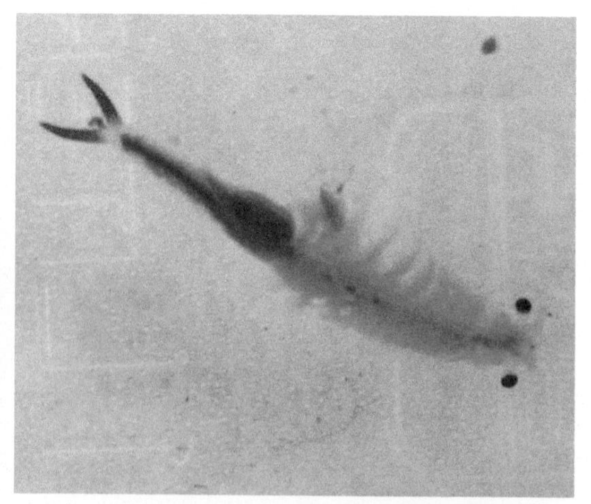

사진 1-3. 풍년새우(♀, 배영)

사진 1-4. 풍년새우 암·수 형태 차이(상:♀, 하:♂)

2. 긴꼬리투구새우 *Triops longicaudatus* (Leconte)

절지동물문〉갑각강〉등갑목〉투구새우과
ARTHROPODA〉Crustacea〉Notostraca〉Triopidae

◉ 특징

체장은 20-35mm이고 체형은 가늘고 긴 원통형으로, 뒤쪽으로 갈수록 가늘어져 올챙이와 비슷하게 생겼다. 등에는 갑각(투구)이 있으며, 움직이지 않는 복안, 흉부와 복부가 정확하게 구분되지 않고, 복부에 부속지가 있다는 것 등이 일반 새우와 구별되는 특징이다. 체절은 40개 이상으로 되어 있고, 복부의 끝에는 1쌍의 갈라진 꼬리가 있다. 이 꼬리는 다수의 마디로 구성되어 있다.

◉ 생태

물빠짐이 잘 되는 양지 바른 곡간 논이나 물 환경이 좋은 논에서 5월 하순 모내기 시기부터 7월 중순 이앙 직후까지 많이 발생한다. 부화 후 10일 정도 지나면 산란을 시작하며 산란을 시작한 뒤에도 몇 차례 탈피를 거듭하며 성장한다. 섭식활동은 앞가슴 부속지를 이용하여 물의 흐름을 입으로 향하게 하고 물 속에 포함되어 있는 먹이를 잡아먹는다. 주로 실지렁이, 물벼룩, 모기유충 등 미소동물과 식물의 어린 싹 등 각종 유기물을 먹는 잡식성이다. 수온이 높아지면 수면 위로 떠올라 배영하는 모습을 볼 수 있다.

◉ 분포

한국, 북미, 일본
※ 멸종위기 야생 동·식물 Ⅱ급

사진 2-1. 긴꼬리투구새우(상:유생, 하:성체)

3. 아시아투구새우 *Triops granarius* (Lucas)

절지동물문〉갑각강〉등갑목〉투구새우과
ARTHROPODA〉Crustacea〉Notostraca〉Triopidae

◉ 특징

체장은 25mm 전후이며, 체형은 가늘고 긴 원통형으로 뒤쪽으로 갈수록 가늘다. 체절은 40개 이상으로 되어 있고, 복부 끝에는 갈라진 1쌍의 꼬리가 있다. 긴꼬리투구새우보다 크기와 폭이 훨씬 작다.

◉ 생태

유생(아시아투구새우 유충)은 초여름 이앙 후 출현하며, 수십회 탈피하여 25mm 전후 크기의 성체가 된다. 섭식활동은 배에 있는 다수의 다리를 움직여 물의 흐름을 입으로 향하게 하여 물에 포함되어 있는 실지렁이, 물벼룩, 풍년새우 등의 미소동물 및 식물의 싹과 뿌리를 먹는 잡식성이다. 긴꼬리투구새우와 달리 자웅이체이며, 암컷은 등껍질이 수컷보다 타원형에 더 가까워 구별이 용이하다. 부화 후 약 10일부터 산란을 시작하고 1회 산란수는 10-30개이고 일생동안 약 400개의 알을 산란한다. 수명은 약 20일 정도이다.

◉ 분포

한국, 북미, 일본, 중국, 인도, 남아프리카

사진 3-1. 아시아투구새우(등면, 표본)

사진 3-2. 아시아투구새우(섭식)

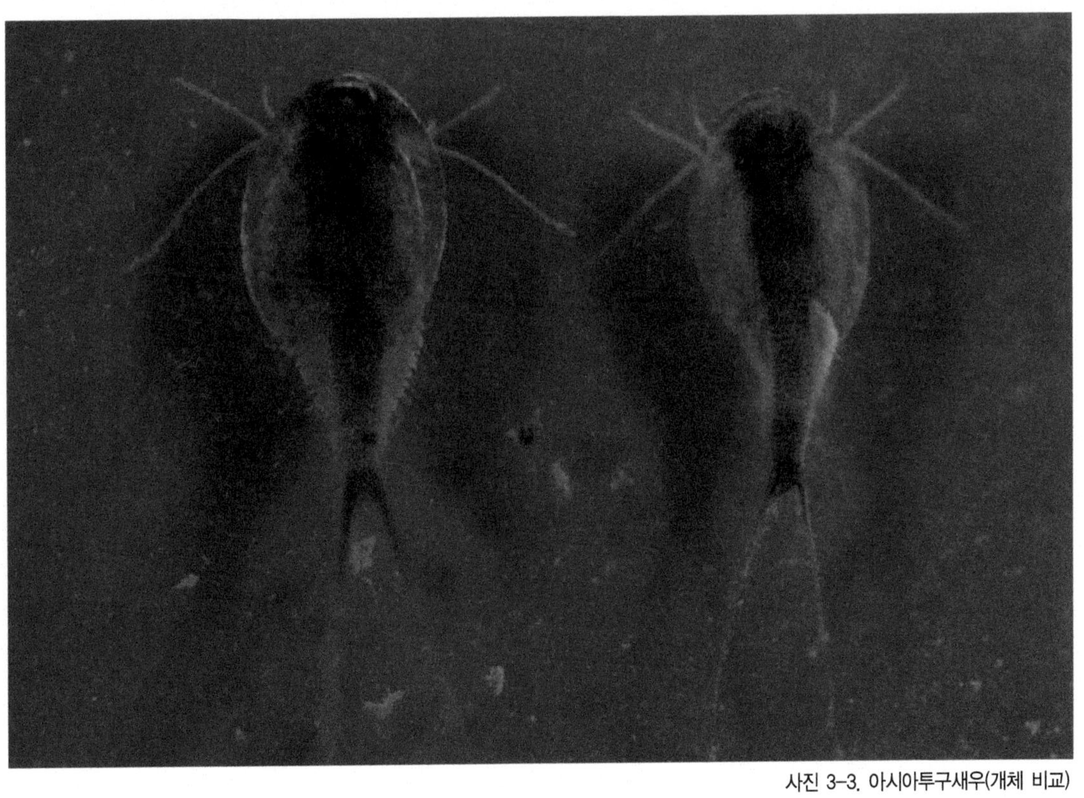

사진 3-3. 아시아투구새우(개체 비교)

4. 민무늬조개벌레 *Lynceus dauricus* (Thiele)

절지동물문〉갑각강〉활미목〉민무늬조개벌레과
ARTHROPODA〉Crustacea〉Laevicaudate〉Lynceidae

◉ 특징

곡장은 5-6mm이고, 머리는 곡외로 나와 있다. 몸통은 암컷이 12체절, 수컷이 10체절로 이루어져있다. 각 체절에는 모두 부속지를 지니고 있다. 작은 촉각은 2마디로 이루어져 있으며, 끝마디에 수많은 감각털이 솟아있다. 수컷의 부리부분은 잘린 모양을 하고 있으며 그 끝면은 약간 함몰되어 있고 그 곳에 미세한 털들이 있다. 수컷의 머리 옆 돌기는 좁게 발달해 있고, 암컷의 부리는 끝이 넓은 직사각형 모양이다. 복부의 부속돌기는 부정형에 가까운 직사각형 모양이며 5쌍의 돌기가 나있다. 후복부는 발달이 미약하며, 항문의 가시는 크지 않고 미세하다. 2개의 패각은 경첩구조에 의해 연결되어 있다. 패각에는 패각 꼭지가 없으며 성장선도 없다. 수컷의 부속지 가운데 처음 두 쌍은 집악지로 변해있다.

◉ 생태

주로 수심이 얕은 논, 온수로, 물웅덩이에 서식한다. 4월 중순 최저 수온이 약 10℃이상되는 시기부터 출현하고, 미소동물을 먹이로 한다. 활미목 패갑류의 연구는 전세계적으로 매우 미흡하다.

◉ 분포

한국, 일본, 러시아, 몽고

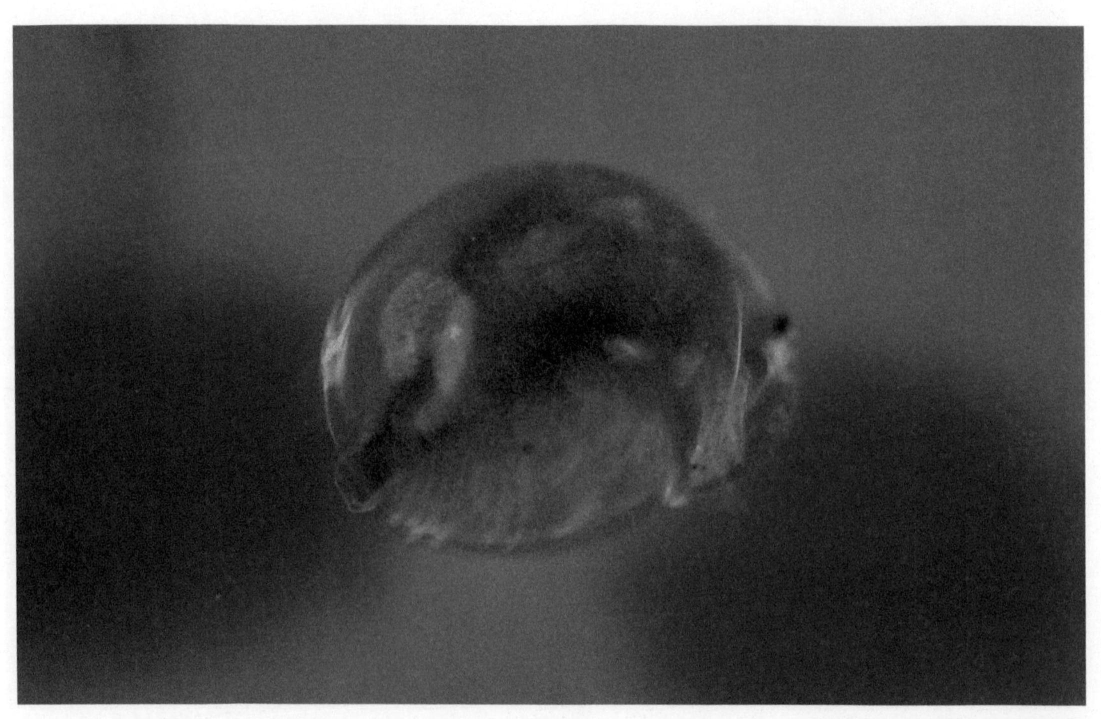

사진 4-1. 민무늬조개벌레(포란)

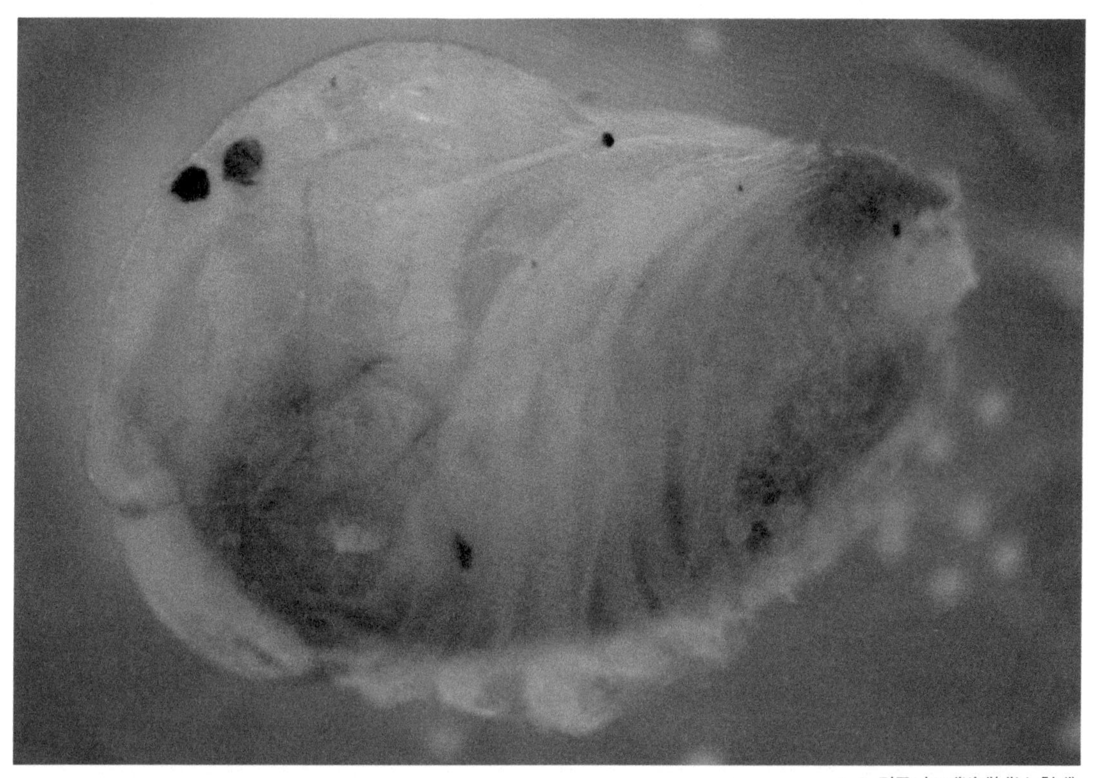

4-2. 민무늬조개벌레(내부 형태)

사진 4-3. 민무늬조개벌레류

5. 털줄뾰족코조개벌레 *Caenestheriella gifuensis* (Ishikawa)

절지동물문〉 갑각강〉극미목〉참조개벌레과
ARTHROPODA〉Crustacea〉Spinicaudata〉Cyzicidae

◉ 특징

패각의 길이는 13mm, 곡장은 15mm이며 원추형으로 호박갈색을 띤다. 패각의 동심선은 15–16개로 이루어져 있다. 수컷의 제 1, 2지는 강대한 침상돌기를 갖는다. 꼬리발톱 기부 1/3쯤에 약 6개의 강모가 있다.

◉ 생태

벼 이앙시기 전후 얕은 물에 출현하며 풍년새우, 투구새우 등과 혼생한다. 먹이는 미소동물 등을 먹이로 하지만, 구체적인 자료가 거의 없어 많은 연구가 필요하다.

◉ 분포

한국, 일본

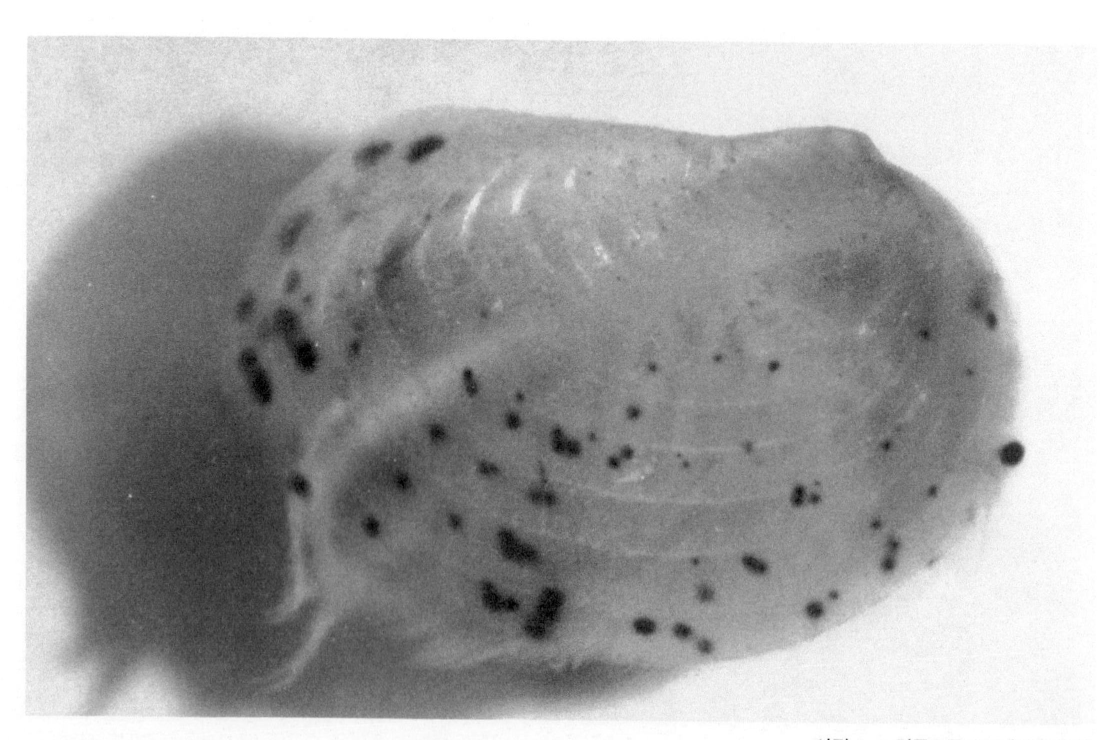

사진 5–1. 털줄뾰족코조개벌레(측면)

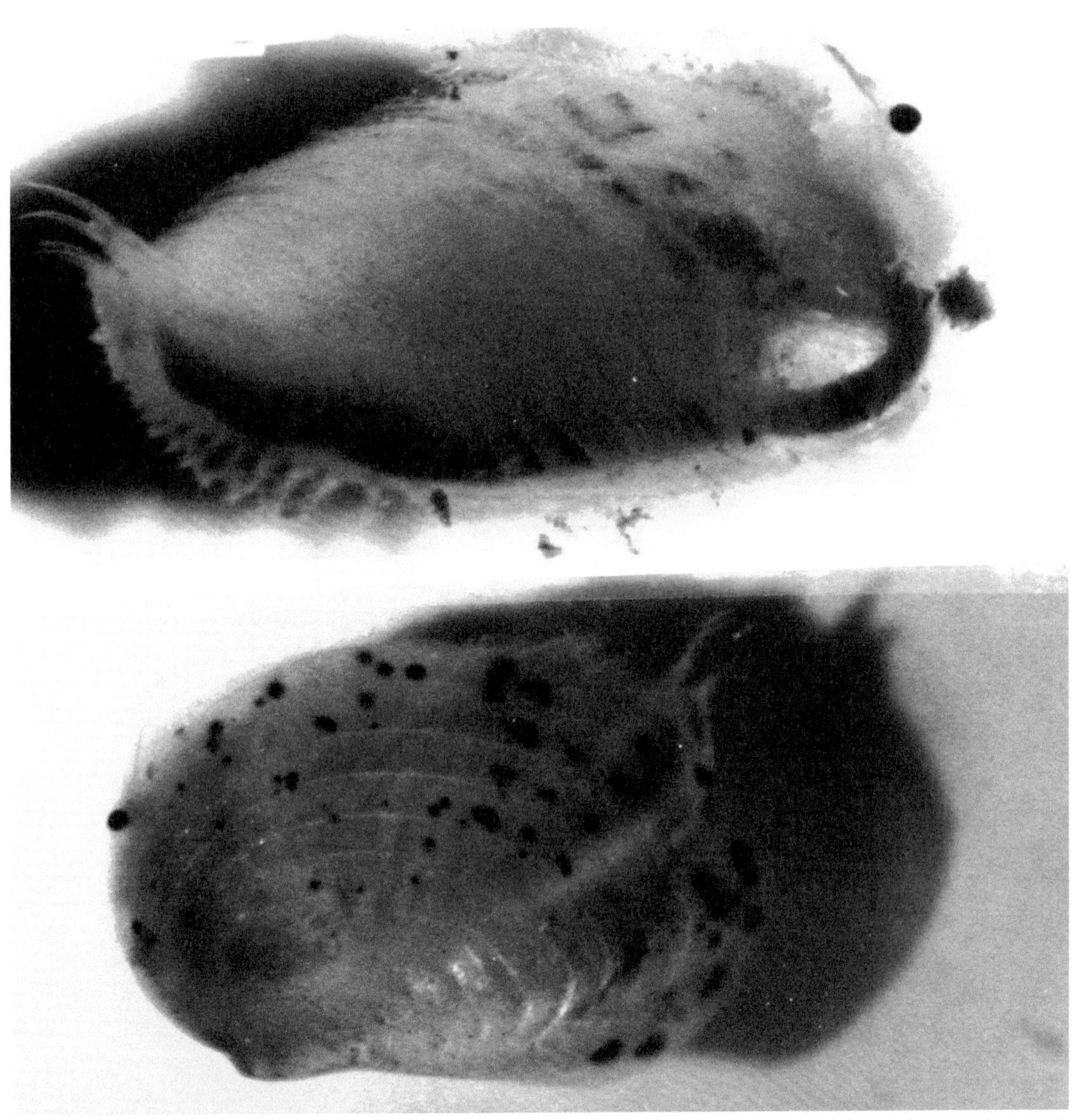

사진 5-2. 털줄뾰족코조개벌레(상:내부 형태, 하:외부 형태)

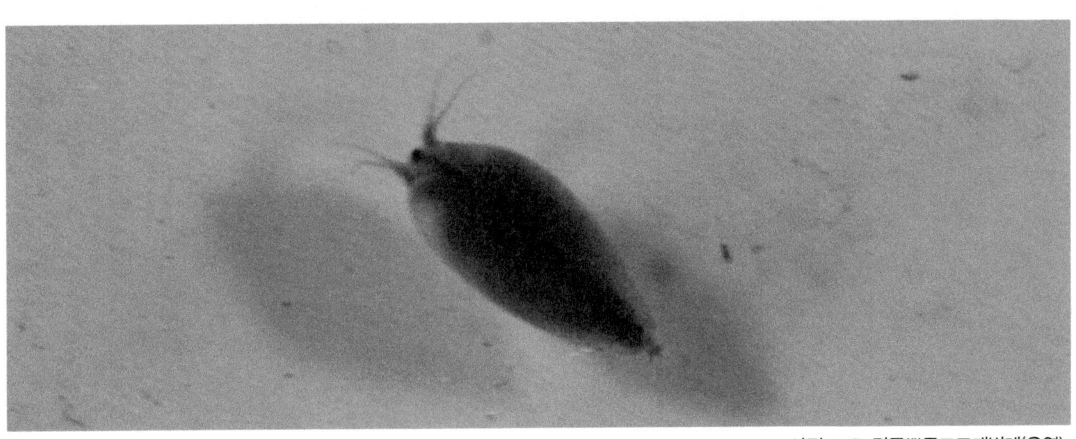

사진 5-3. 털줄뾰족코조개벌레(유영)

6. 국내 미기록종 *Leptestheria kawachiensis* Ueno

절지동물문〉 갑각강〉극미목〉Leptestheriidae
ARTHROPODA〉Crustacea〉Spinicaudata〉Leptestheriidae

◉ 특징

곡장은 6-8mm 내외이고, 몸은 짧고 좌 · 우 2매패로 되어있다. 체장은 머리부터 뒷쪽은 발톱형태의 꼬리가시로 끝난다. 머리는 배쪽으로 신장하여 둥글게 되며, 복안은 1쌍으로 좌 · 우 일치하며, 단안은 복안 아래쪽에 있다. *Leptestheria kawachiensis*는 머리 앞쪽에 침과 같은 형태의 가시가 한개 있는 것이 특징이며, 패갑면의 생장곡선은 15개 정도이다.

◉ 생태

벼 이앙 후 초여름 후기에 출현을 시작하여 논바닥위 및 벼포기 주변 얕은 물에 대발생하며 풍년새우, 투구새우 등과 혼생한다. 먹이는 유기물 및 미소동물(규조류, 물벼룩, 깔다구류 등), 동 · 식물 및 그 사체등을 먹는다. 자웅이체이지만 암놈만 있을 때는 단위생식을 반복하여 증식하고 유생은 1-2일에 탈피하여 패갑을 형성하고, 8회 탈피하여 2-3주에 성체가 되며 2주에 걸쳐 100-수백개의 알을 산란한다. 난은 내구난으로 조류에 의해 운반되어 분포를 확산하고, 물고기가 먹어도 토하게 되어 운반되며 이는 기피물질을 내어 토하게 되는 것으로 보고되어 있다.

◉ 분포

한국, 일본
* 채집지 : 전북 김제시 죽산면 죽산리 농로(물웅덩이)

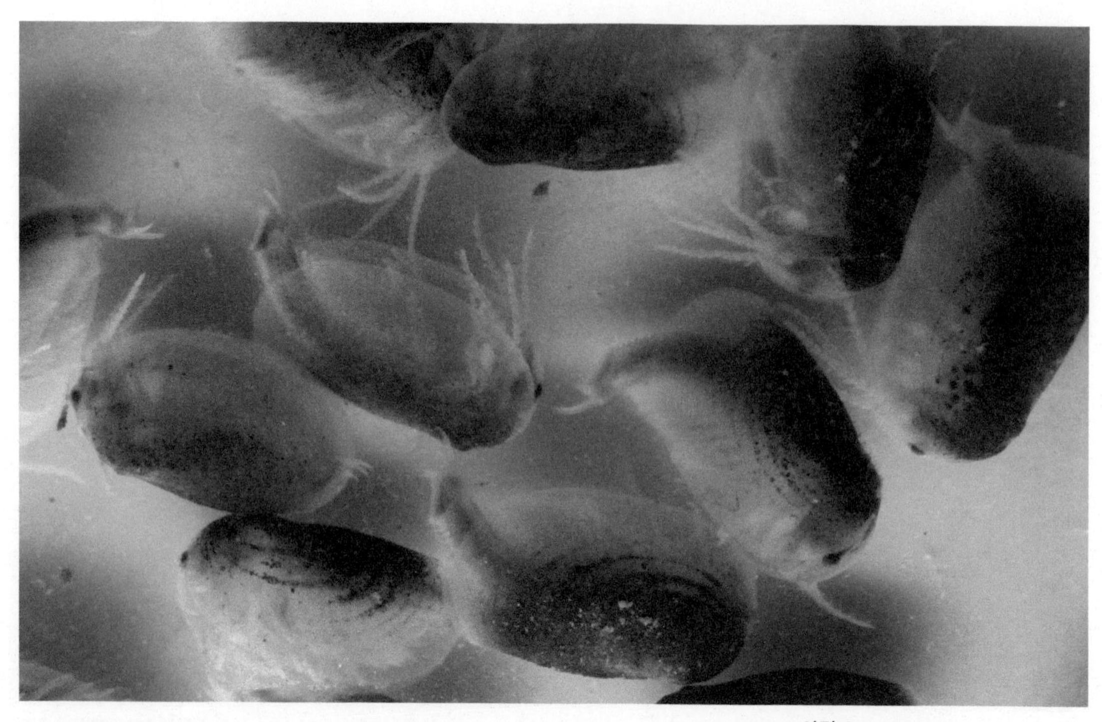

사진 6-1. *Leptestheria kawachiensis*

사진 6-2. *Leptestheria kawachiensis*

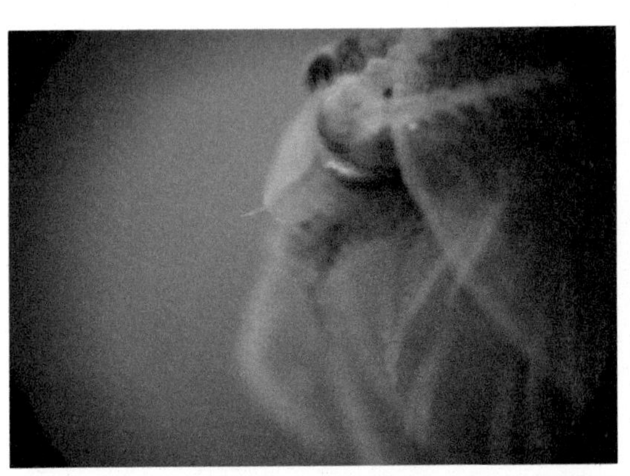

사진 6-3. *Leptestheria kawachiensis* 가시확대

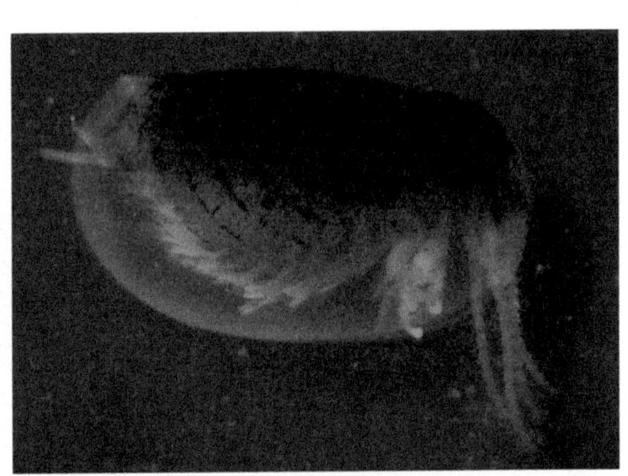

사진 6-4. *Leptestheria kawachiensis*(측면)

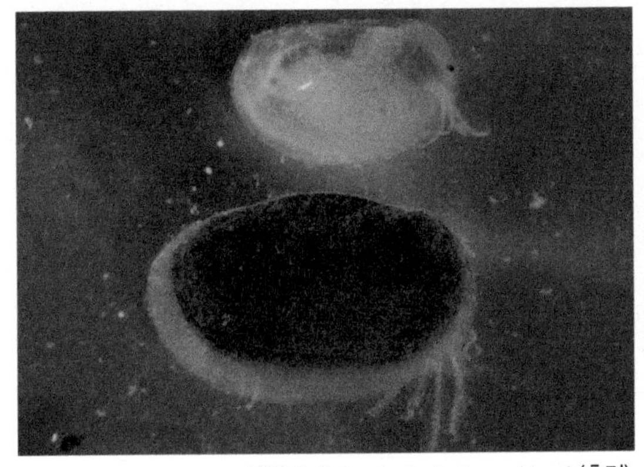

사진 6-5. *Leptestheria kawachiensis*(측면)

사진 6-6. *Leptestheria kawachiensis* 채집지 전경

7. 밤가시혹머리조개벌레 *Eulimnadia braueriana* (Ishikawa)

절지동물문〉 갑각강〉극미목〉혹머리조개벌레과
ARTHROPODA〉Crustacea〉Spinicaudata〉Limnadiidae

◉ 특징

패갑 길이는 6mm내외이고, 몸은 짧고 좌 · 우 2매패로 되어있다. 원 뒷쪽은 발톱형태의 꼬리가시로 끝난다. 머리는 배쪽으로 신장하여 둥글게 되며, 복안은 1쌍으로 좌 · 우 일치하는 경향이며 단안은 복안 아래쪽에 있고, 패갑면의 생장곡선은 3-4개로 꼬리마디에 약 14본의 가시가 있다.

◉ 생태

벼 이앙시기 전후(5-6월) 논바닥 위 및 벼포기 주변 얕은 물에 대발생하며 고밀도로 발생되면 용존산소 부족으로 치어들이 질식하는 경우도 있으며, 풍년새우, 투구새우 등과 혼생한다. 먹이는 미소동물(규조류, 물벼룩, 깔다구류 등), 유기물, 동 · 식물 및 그 사체등을 먹는다. 자웅이체이지만 암놈만 있을 때는 단위생식을 반복하여 증식하고, 유생은 1-2일에 탈피하여 패갑을 형성하고, 8회 탈피하여 2-3주에 성체가 되며 2주에 걸쳐 100-수백개의 알을 산란한다. 난은 내구난으로 조류에 의해 운반되어 분포를 확산하고 기피물질을 내어 물고기가 먹어도 토하게 되어 운반되는 것으로 보고되어 있다.

◉ 분포

한국, 일본

* 채집지: 경북 청도군 금천면 갈지리

사진 7-1. 밤가시혹머리조개벌레(옆면)

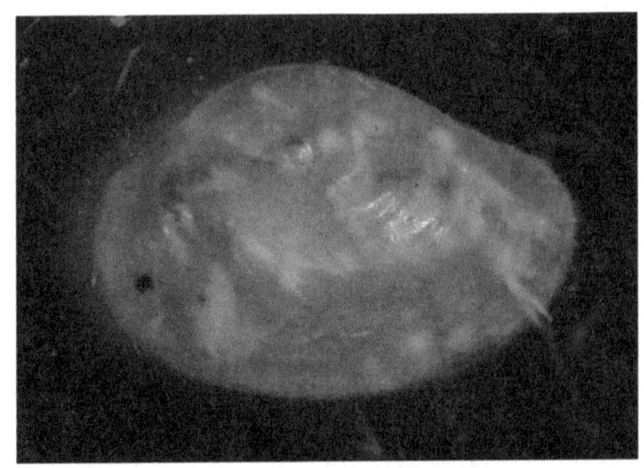

사진 7-2. 밤가시혹머리조개벌레(옆면)

사진 7-3. 밤가시혹머리조개벌레(옆면)

사진 7-4. 밤가시혹머리조개벌레 서식지(친환경 재배논)

8. 참물벼룩 *Daphnia pulex* (Leydig)

절지동물문〉 갑각강〉이지목〉물벼룩과
ARTHROPODA〉Crustacea〉Anomopoda〉Daphniidae

◉ 특징

체장은 대부분 1.2-2.5mm이며 큰 것은 3mm를 넘는 것도 있다. 체형은 난형이며 2장으로 이루어져 있고 갑각은 넓은 알모양이며, 윗면은 서로 붙어있고 아랫면은 열려 있다. 아랫면 가장자리 뒤쪽에 가시가 있다. 머리는 넓은 반원형이며, 꼬리의 윗면 가장자리에 12-18개의 작은 가시가 있다. 꼬리발톱에는 1줄의 가시가 빗 모양으로 늘어서 있으며, 위쪽 4-8개는 작고 아래쪽 5-6개는 크다.

◉ 생태

봄과 여름에 유생(참물벼룩 유충)이 출현한다. 봄에는 겨울알에서 깨어나고, 여름에는 여름알에서 깨어난다. 성체 암컷은 수온이 낮아지면 2개의 큰 알을 낳고 이 가운데 1개가 발생하여 수컷이 된 뒤 양성생식을 한다. 수정란은 두껍고 질긴 난막으로 싸여있고 모체가 탈피한 껍데기에 덮여 지내며, 이 알을 겨울알이라고 한다. 겨울알은 이듬해 봄에 깨어나 단위생식을 하는 암컷이 된다. 여름알은 수온이 높은 여름에 성체 암컷이 낳은 알로써 수정을 거치지 않고 가슴 윗면과 갑각 사이에서 발생한 뒤 유생이 되어 물 속으로 헤엄쳐 나온다. 이렇게 암컷은 수컷 없이 단위생식을 하며, 이런 알을 여름알이라 한다. 섭식활동은 가슴에 있는 4-6쌍의 잎 모양의 다리로 물의 흐름을 일으켜 움직이는 먹이를 잡아먹는다.

◉ 분포

한국, 일본을 포함한 대부분 국가

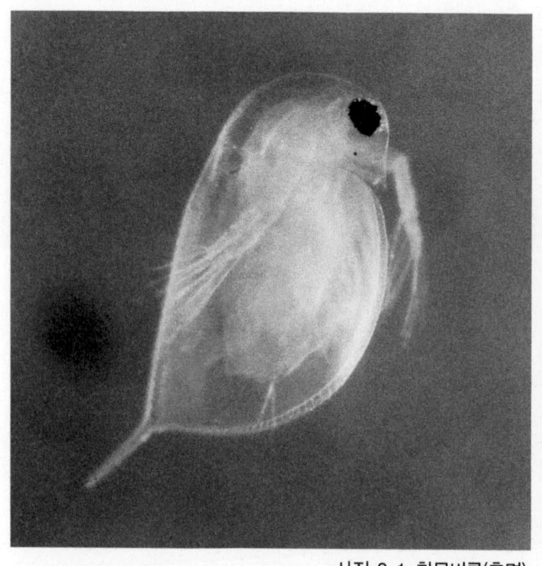

사진 8-1. 참물벼룩(측면)

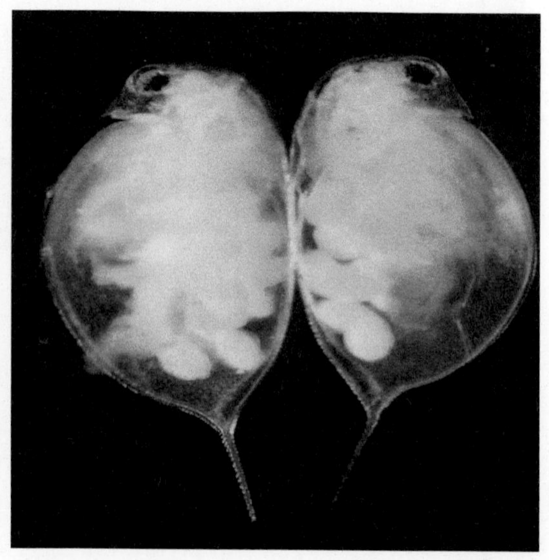

사진 8-2. 참물벼룩(포란)

9. 큰물벼룩 *Daphnia magna* (Straus)

절지동물문〉 갑각강〉이지목〉물벼룩과
ARTHROPODA〉Crustacea〉Anomopoda〉Daphniidae

◉ 특징

체장은 3.0-3.2mm이며 담갈색을 띤다. 소촉각이 짧아서 희미하게 보이고 머리깃(crest)이 옆으로 돌출 되어 있다. 후복부의 등쪽에 오목한 홈이 있고 오목한 부위에 항문가시가 없다. 복부 돌기는 3~4개이며, 이중에서 맨 앞쪽은 길고 털이 없다. 발톱은 2가지 빗 모양을 이루는 가시들이 있는데, 발톱의 기부에 있는 것들은 작고 말단부 쪽에 있는 것들은 크다. 복안은 크고, 단안은 작고 선명하다. 등쪽에 내구난을 가지며 껍질은 뚜렷한 등줄을 가지고 있다.

◉ 생태

주로 논, 온수로, 물웅덩이에 서식하며 미생물 및 미세조류를 먹이로 한다. 온도나 수질의 부영양화 등에 자극을 받으면 투명한 채색이 붉게 변하거나 녹조를 먹으면 짙은 녹색으로 변한다. 4-5월경에 다량 증식하고 이앙 직후 다량 출현한다.

◉ 분포

한국, 일본, 북미, 중국

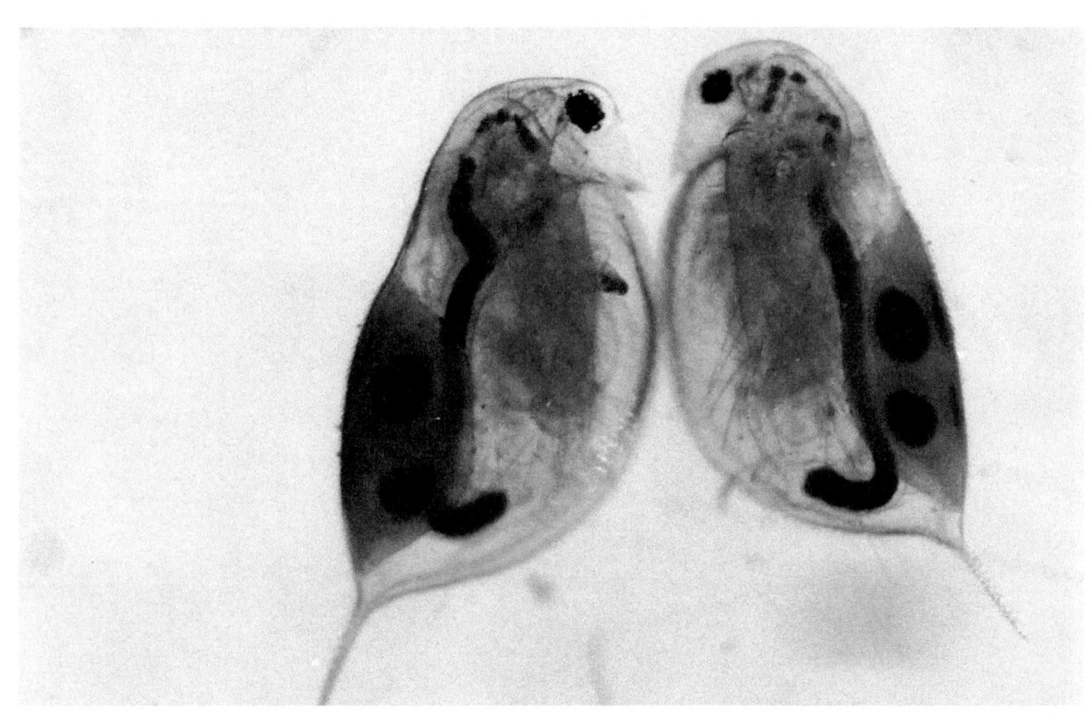

사진 9-1. 큰물벼룩(측면)

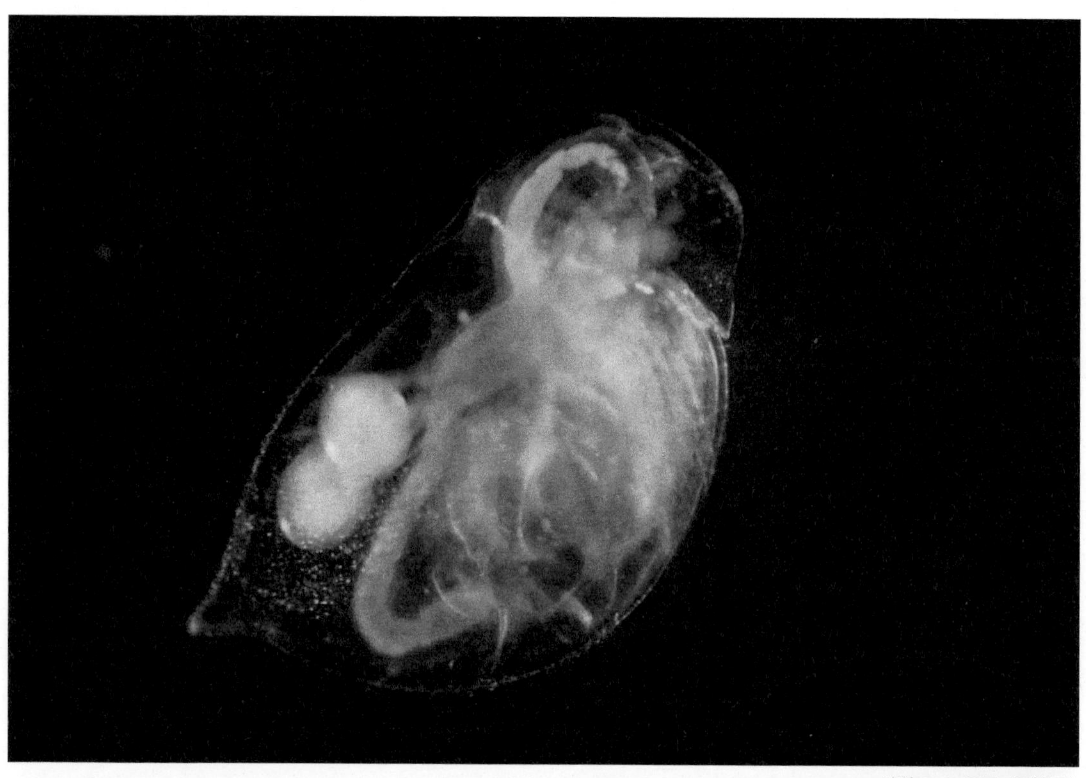

사진 9-2. 큰물벼룩(측면)

사진 9-3. 큰물벼룩(여러 개체들의 형태)

10. 모이나물벼룩 *Moina macrocopa* (Straus)

절지동물문〉 갑각강〉이지목〉모이나물벼룩과
ARTHROPODA〉Crustacea〉Anomopoda〉Moinidae

◉ 특징

체장은 1-1.3mm이고, 껍질은 둥근형이며 입이 없다. 두부는 짧고 머리 윗홈이 없다. 머리에 긴 파이프 모양의 제 1촉각이 있으며, 중간에 1개의 각모가 있다. 후복부는 한개의 깍지낀 가시와 7-10개의 가는 털이 나있는 나뭇잎 모양의 가시를 갖고 있다. 꼬리 발톱은 작은 가시열이 있다. 암컷은 제 1흉지의 끝마다 앞면에 톱날 모양의 강모가 있다. 동난은 2개이다.

◉ 생태

주요 서식지는 논, 온수로, 물웅덩이 등이며 미생물 및 미세조류를 먹이로 한다. 온도나 수질의 부영양화 등에 자극을 받으면 투명한 채색이 붉게 변하거나 녹조를 먹으면 짙은 녹색으로 변한다. 논에 4-5월경에 다량으로 증식하고, 이앙 직후에 다량으로 출현한다.

◉ 분포

한국

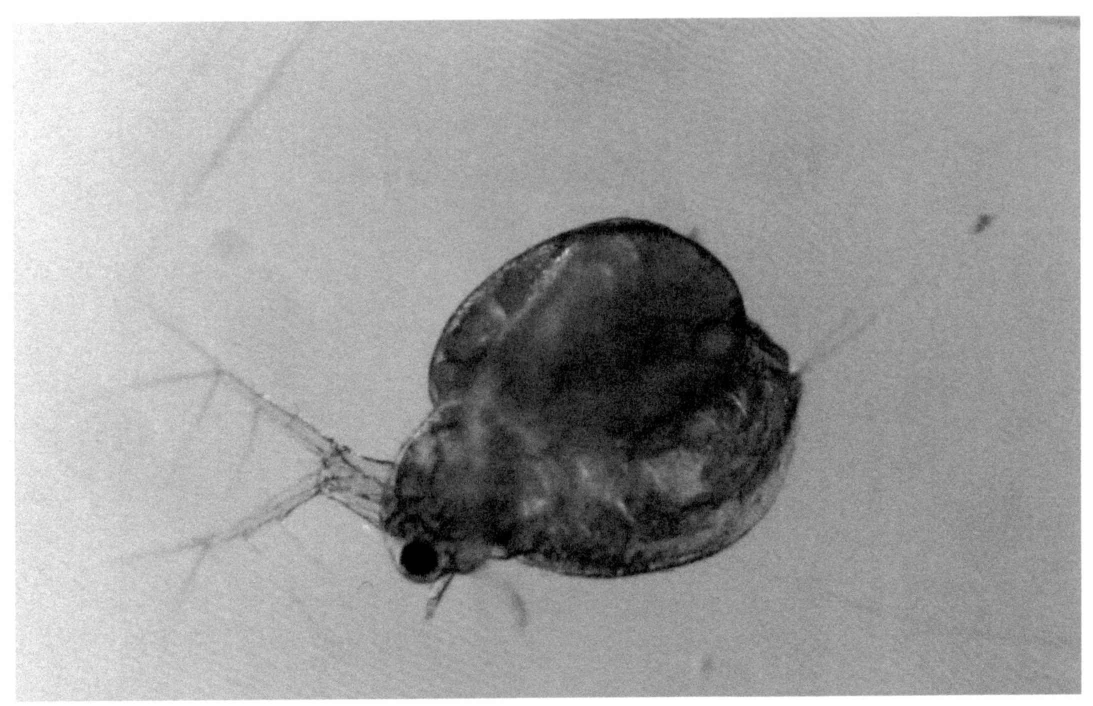

사진 10-1. 모이나물벼룩(포란)

사진 10-2. 모이나물벼룩(여러 개체들의 형태)

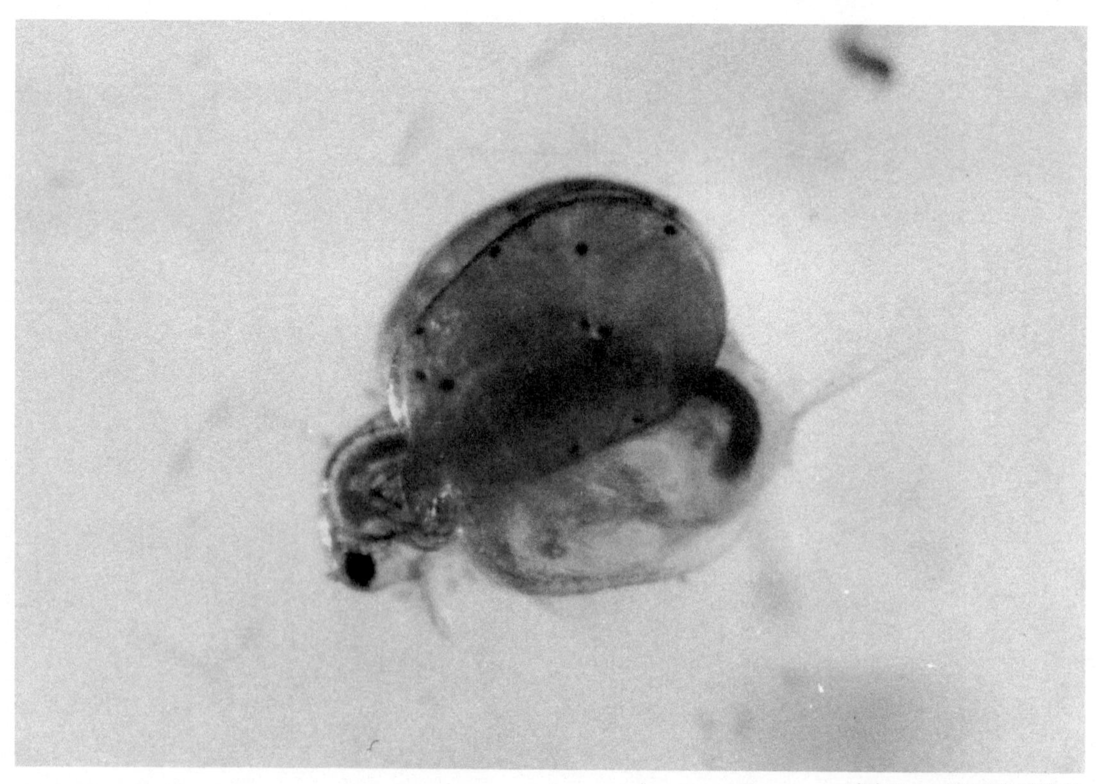

사진 10-3. 모이나물벼룩(측면)

11. 곱사등물벼룩 *Scapholeberis mucronata* (O. F. Muller)

절지동물문〉갑각강〉이지목〉물벼룩과
ARTHROPODA〉Crustacea〉Anomopoda〉Daphniidae

◉ 특징

체장은 0.51-0.78mm로 작으며, 직사각형 모양을 하고 있다. 체색은 진한 갈색을 띠며, 특히 제 1촉각의 기부 주변과 갑각의 전녹(前緣) 및 앞부분의 색이 짙다. 갑각의 무늬는 다각형이나 뚜렷하지는 않다. 머리는 체장의 1/3을 차지하는 정도로 큰 편이다. 목홈은 뚜렷하며 각호는 잘 발달해 있다. 복안은 몹시 크며 두정부 가까이에 위치한다. 이마뿔은 짧으며 둔하다. 후복부는 짧고 넓으며 말단부는 둥글다. 5~7개의 항문가시를 갖는데 그 크기는 발톱 쪽으로부터 꼬리강모 쪽으로 갈수록 점점 작아진다. 발톱은 약간 만곡되어 있고 발톱가시는 없으나 발톱의 기부와 만곡된 안쪽면에는 미세한 털들이 나 있다.

◉ 생태

논, 온수로, 물웅덩이, 연못 등 다양한 수역에 서식하며, 주로 수표면에서 채집되는 부유종이다. 제 2촉각과 배 언저리의 털로 등을 바닥으로 향하여 배영하는 특징이 있다.

◉ 분포

한국, 일본, 중국, 유럽, 북미

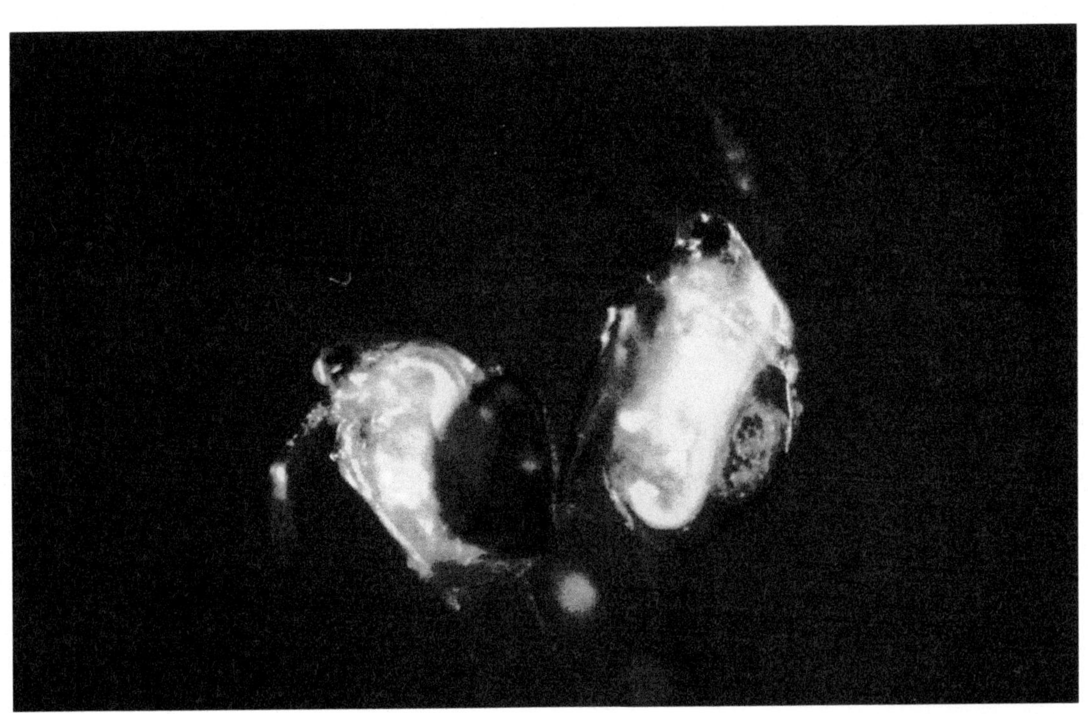

사진 11-1. 곱사등물벼룩(좌:측면, 우:배면)

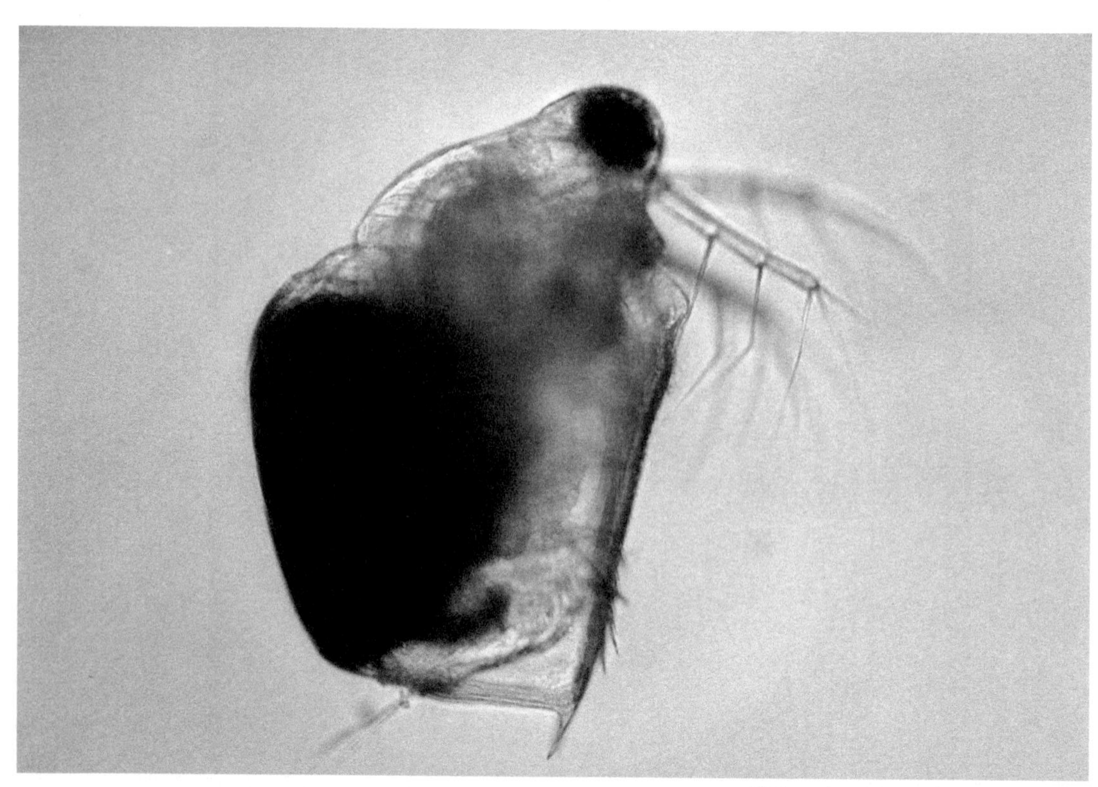

사진 11-2. 곱사등물벼룩(측면의 표본 색깔)

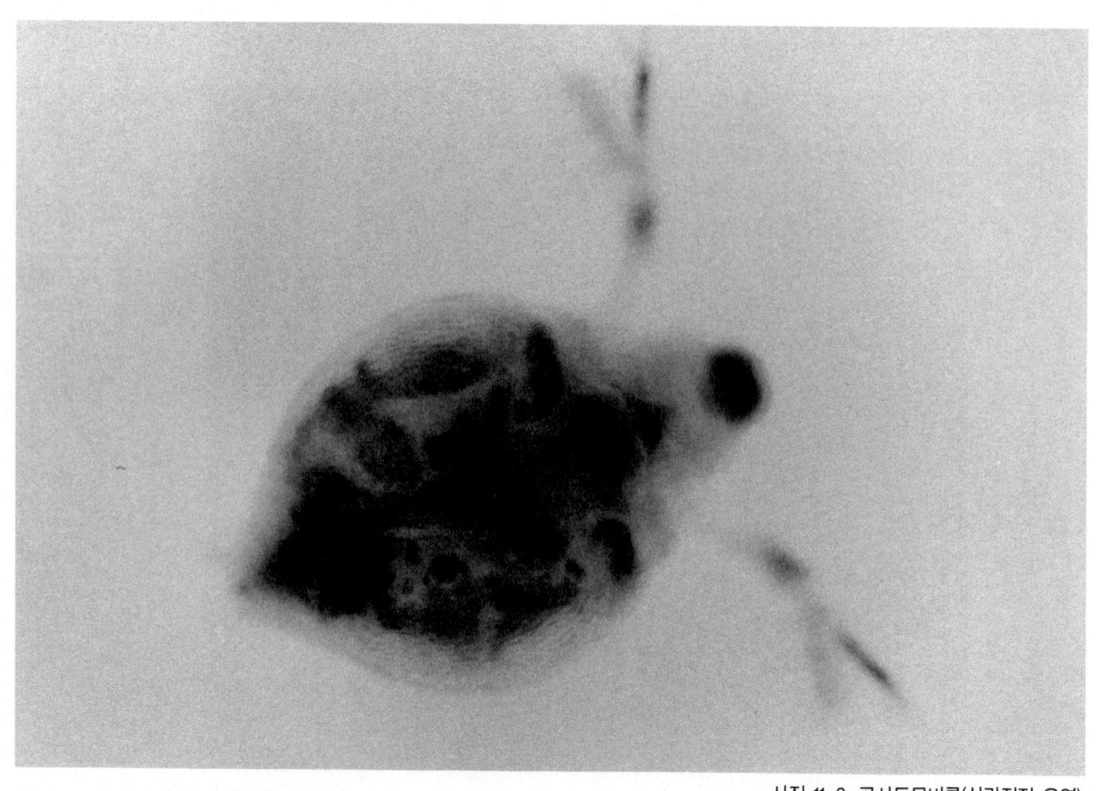

사진 11-3. 곱사등물벼룩(산란직전 유영)

12. 가시시모물벼룩 *Simocephalus exspinosus* (Koch)

절지동물문〉갑각강〉이지목〉물벼룩과
ARTHROPODA〉Crustacea〉Anomopoda〉Daphniidae

◉ 특징

체장은 2-3mm로 대형종이고 체형은 계란형이다. 갑각은 옅은 황색을 띠며 투명하고, 후배각은 둔하나 뚜렷이 돌출하여 있다. 갑각의 복연(腹緣) 후반부에서 배연(背緣) 후반부까지 가장자리에 작은 가시들이 배열해 있다. 머리는 비교적 큰 편이며 이마 부위는 둥글다. 복안은 큰 편이나 단안은 작아서 대부분 점 모양으로 나타난다. 목홈이 뚜렷하고 각호는 발달하였다. 이마뿔은 삼각형 모양으로 뾰족하며 크기가 작다. 제 1촉각 및 제 2촉각의 형태는 *Simocephalus* 속의 다른 종들의 것과 동일하다. 비교적 큰 2개의 배돌기가 있으며 배돌기 위에는 털이나 있지 않다. 후복부는 넓은 편이며 등쪽 방향의 후반부는 만곡되어 S자형을 그린다. 후복부의 후배각의 돌출 정도는 비교적 약한 편이다. 항문 앞이 현저히 돌출된 융기부가 있고 12개 이상의 작은 가시가 있다. 발톱은 길고 크며 발톱의 기부에는 약 12개 정도의 빗 모양의 가시가 나있고 그 뒤로는 미세한 털들이 배열되어 있다.

◉ 생태

논, 온수로, 물웅덩이, 연못, 또는 물이 적은 호수 연안에 서식한다. 그러나 이들에 대한 생태적인 연구자료는 거의 없는 실정이다.

◉ 분포

한국, 일본, 중국 등을 포함한 대부분 국가

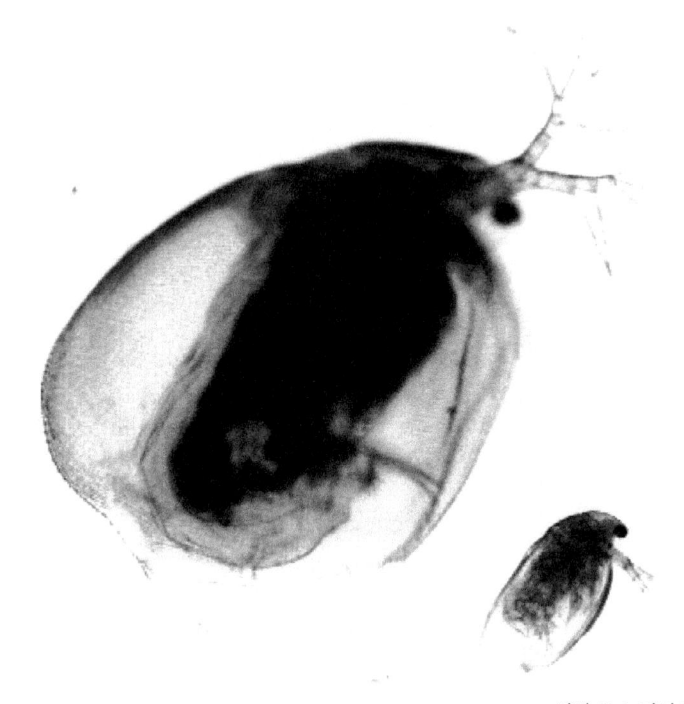

사진 12-1. 가시시모물벼룩(상:성체, 하:유생)

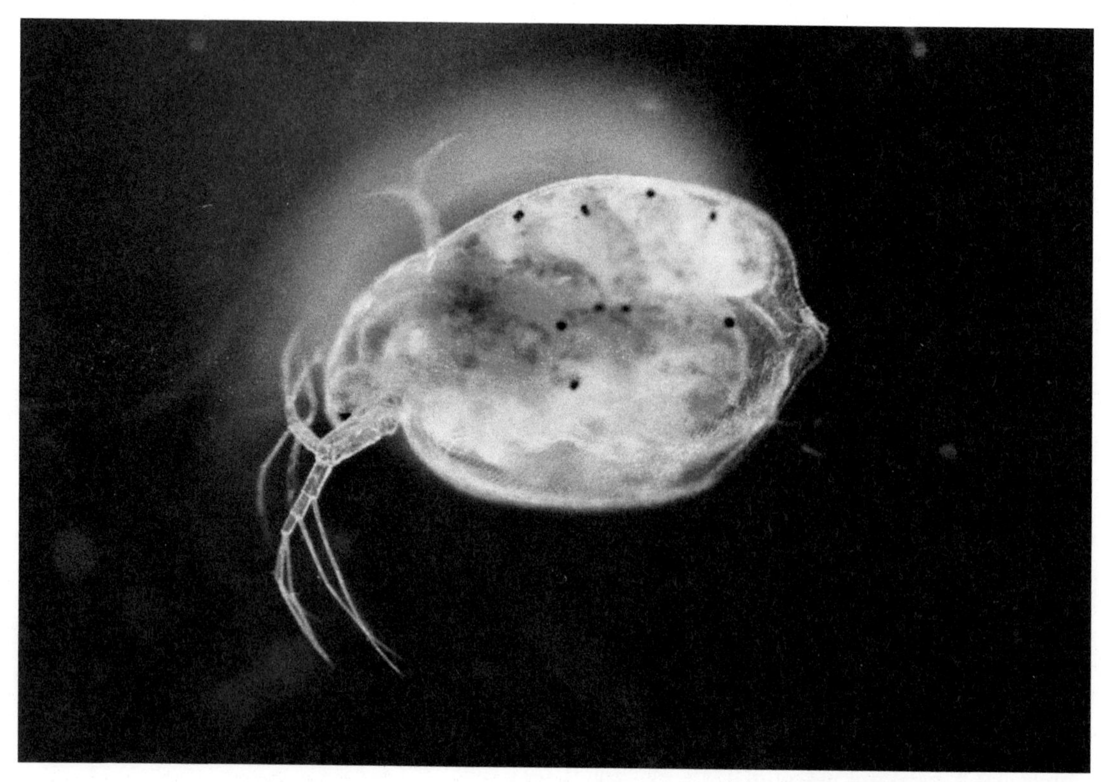
사진 12-2. 가시시모물벼룩(산란직전 포란 형태)

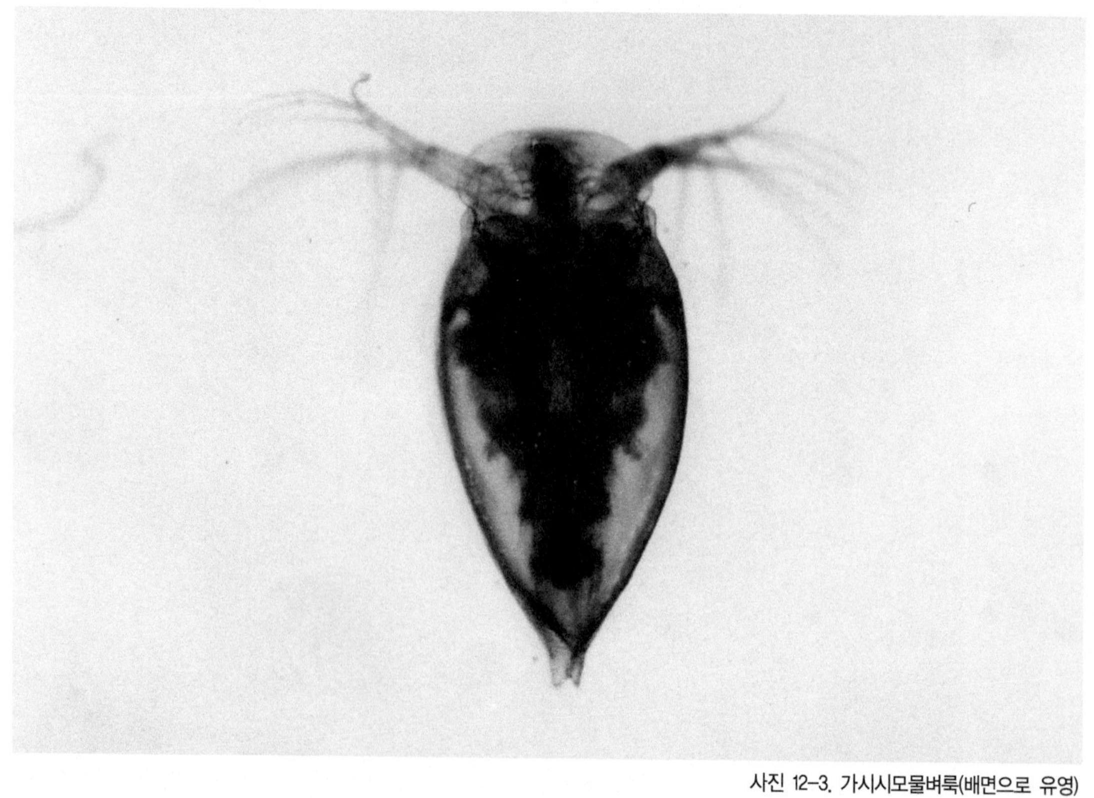
사진 12-3. 가시시모물벼룩(배면으로 유영)

13. 알씨물벼룩 *Chydorus ovalis* (Kurz)

절지동물문〉 갑각강〉이지목〉씨물벼룩과
ARTHROPODA〉Crustacea〉Anomopoda〉Chydoridae

◉ 특징

몸은 원형 또는 난원형으로 사각형에 가깝다. 입은 길고 뾰족하며 등의 형태는 둥글고 원형이며, 복면의 중간은 둥글고 앞쪽1/3과 뒤쪽1/3은 일직선으로 각이 진다. 암컷의 길이는 0.5mm정도이고 *Chydorus* 속 중에선 가장 크고 껍질의 체색은 황갈색을 띤다.

◉ 생태

전국적으로 분포하는 흔한 종이나, 크기가 너무 작아 주의 하지 않으면 잘 볼 수 없다. 논에서는 7-8월 벼의 생육 후기에 나타나며 개체수는 많지 않다.

◉ 분포

한국, 일본

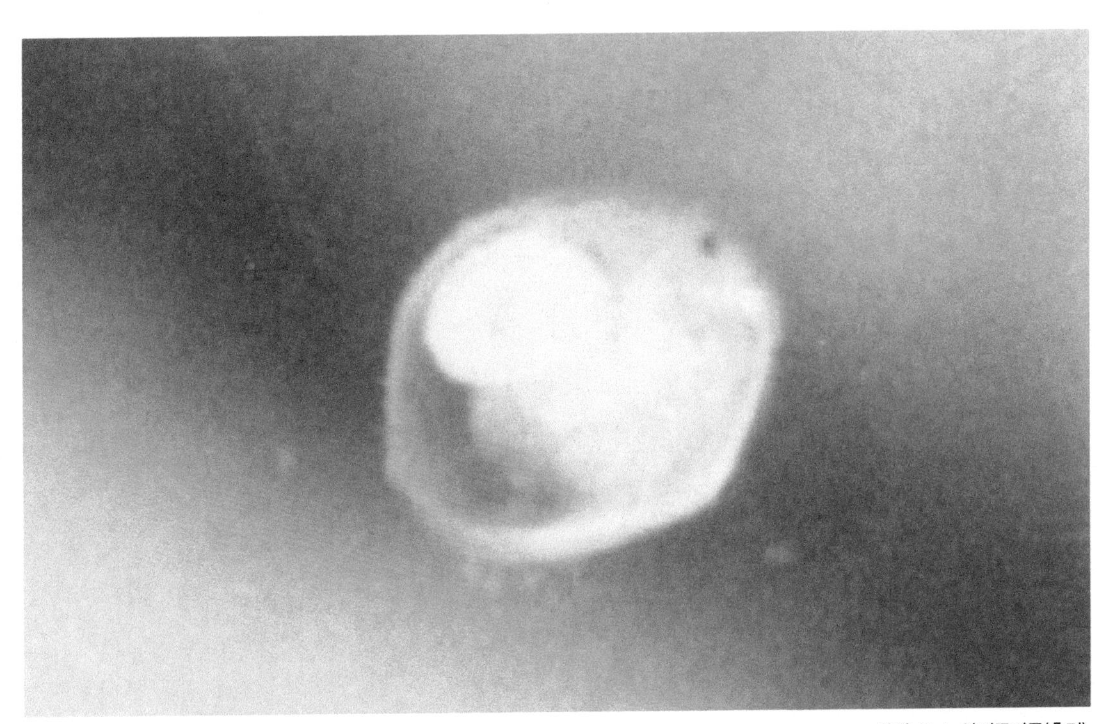

사진 13-1. 알씨물벼룩(측면)

14. 넓은배물벼룩 *Leydigia leydigi* (Schoedler)

절지동물문> 갑각강>이지목>씨물벼룩과
ARTHROPODA>Crustacea>Anomopoda>Chydoridae

◉ 특징

암컷의 체장은 0.7-0.8mm이고, 체형은 난원형이고 엷은 황색을 띠며, 껍질의 등줄기는 짧고 약간 솟아 있는 형태로 껍질의 후방은 높고 넓으며 길게 튀어 나와 있으며, 수컷의 몸 크기는 암컷에 비해 조금 작고 가늘지만 길다. 뒷쪽 항문 부위는 반추원형으로 등의 가장자리에 미소한 가시가 많이 있고 그다지 빳빳하지는 않으며, 측면에 16개의 항문 옆 측가시가 있고 꼬리발톱 부근의 가시가 크고 멀어질수록 작아 지는 것이 특징이며, 꼬리발톱은 기부의 등면에 1본의 큰 가시가 있고 후복부는 폭넓은 반원형으로 다수의 가시 열이 있다. 생식기관은 꼬리발톱 사이의 복부 측면에서부터 교접 기관이 돌출하고 그 말단에 수정관이 열려 있다.

◉ 생태

세계적으로 분포하는 흔한 종으로 주 서식처는 댐이나 호수이지만 논 내 둠벙에도 서식한다. 생식주기는 봄, 가을 2회 정도이고 본 자료에 수록된 것은 늦가을 수확기에 채집한 것이다.

◉ 분포

한국, 일본

*채집지 : 충남 홍성군 장곡면 지정리 곡간 논 내 둠벙

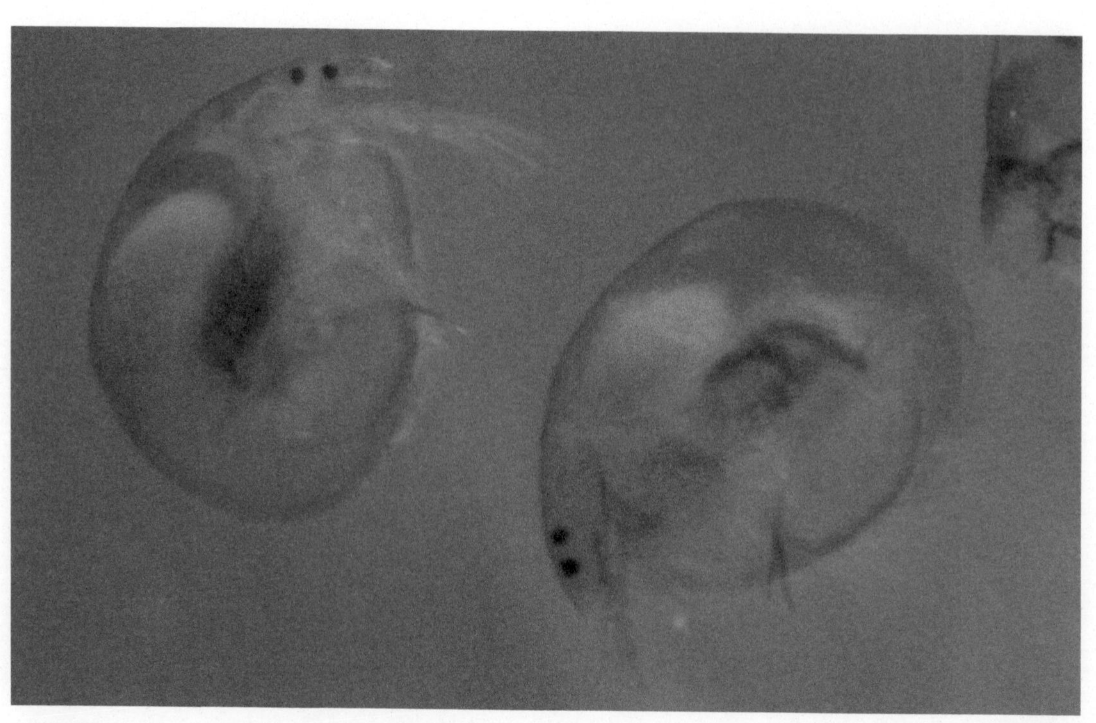

사진 14-1. 넓은배물벼룩

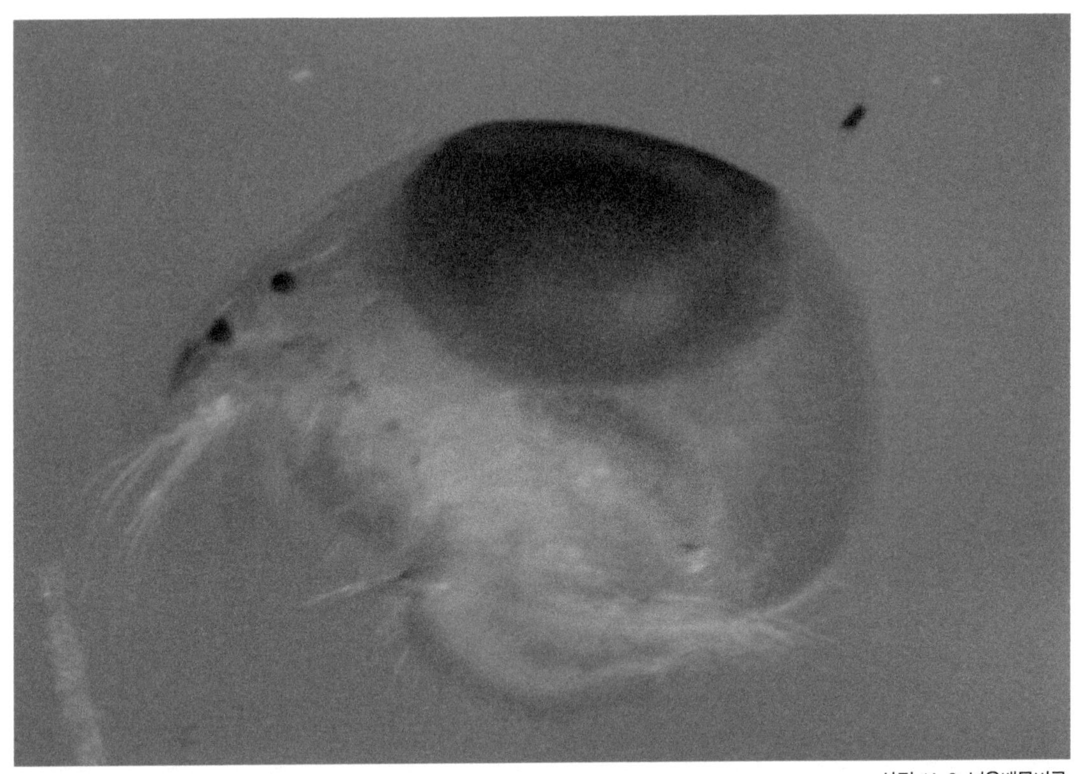

사진 14-2. 넓은배물벼룩

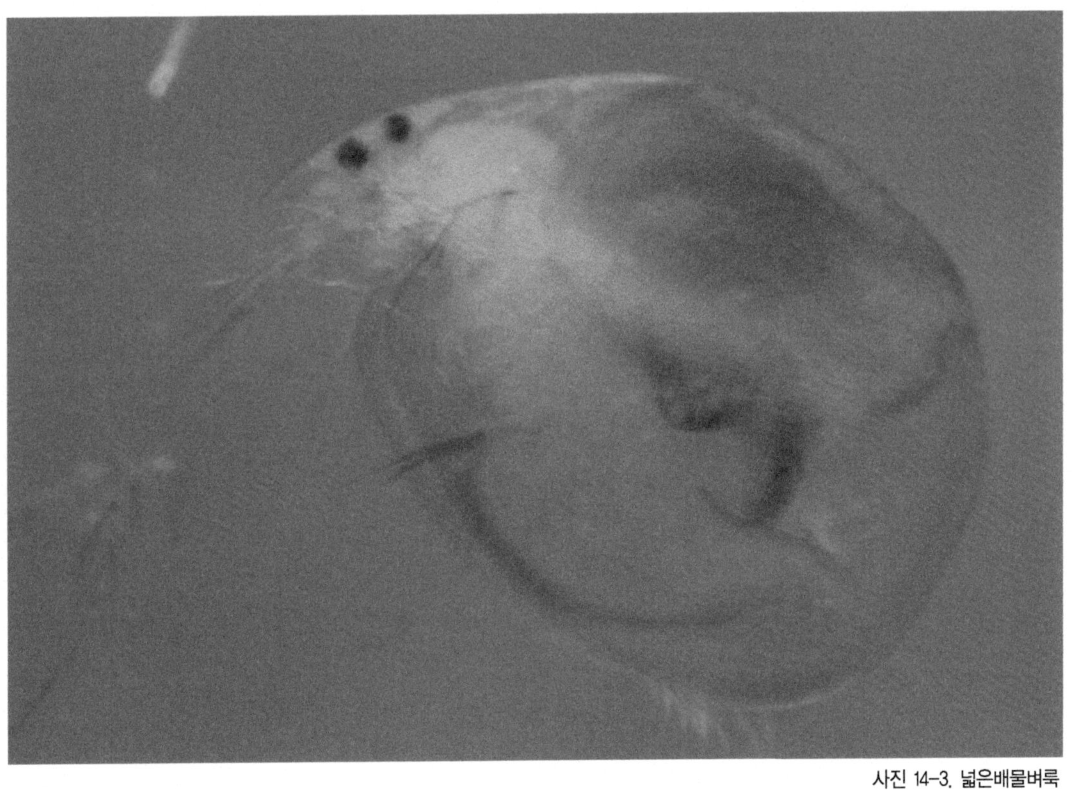

사진 14-3. 넓은배물벼룩

15. 국내 미기록종 *Iliocryptus sordidus* (Lievin)

절지동물문〉 갑각강〉이지목〉털보물벼룩과
ARTHROPODA〉Crustacea〉Anomopoda〉Macrothricidae

◉ 특징

암컷의 체장은 0.5-0.8mm이고, 체형은 삼각형으로 붉은 빛을 띤 갈색이다. 복부 및 복부 뒷쪽은 크고 긴 깃털상의 강모가 열생하고, 껍질은 탈피시 탈피되지 않아 동심선의 성장선이 2-3줄 년윤상의 선이 남아있는 것도 있다. 후복부와 등쪽 중앙에 깊지 않은 오목하게 들어간 부분이 있고 그 뒷쪽에 항문이 열려있으며, 그 앞부분에 10-14개의 굽은 가시가 있고 그 뒷쪽에는 7-12개의 긴 가시와 작은 가시가 열생하며, 발톱은 기부의 등면에 1본, 복면에 2본의 가는가시와 미소가시를 가진다.

◉ 생태

전국적으로 분포하는 흔한 종이나 크기가 작아서 주의 하지 않으면 잘 볼 수 없다. 논에서는 7-8월 벼의 생육후기에 나타나며, 개체수는 많지 않고 주로 저수지나 논내 물웅덩이등의 바닥을 기어다니며 산다.

◉ 분포

한국, 일본

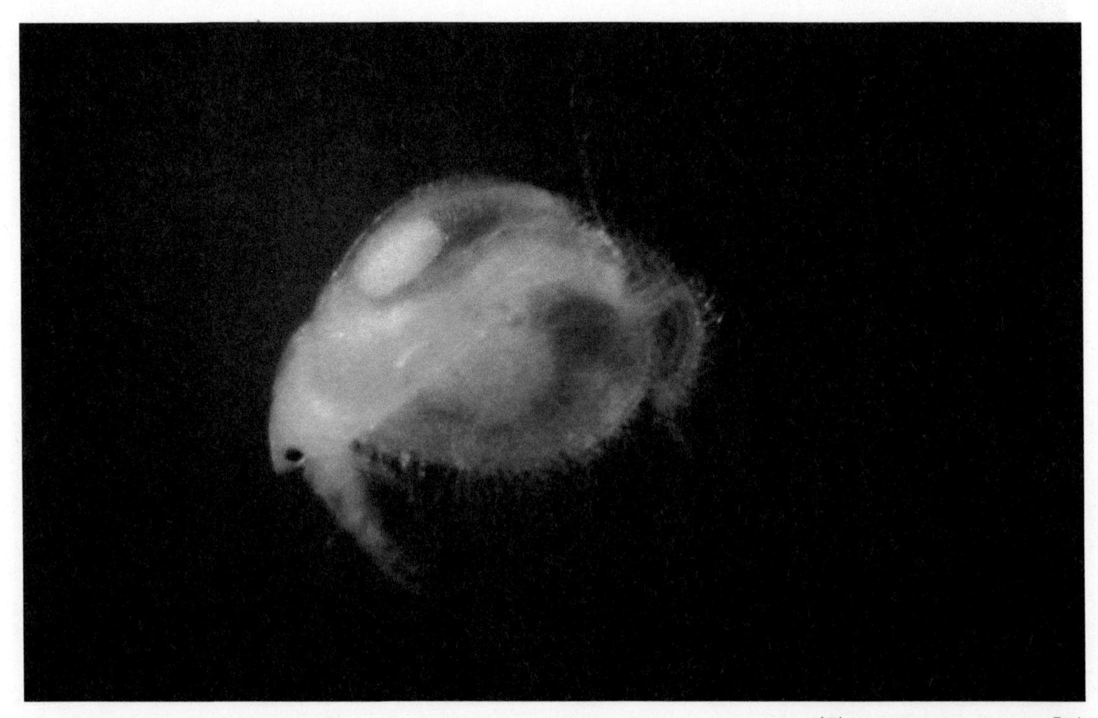

사진 15-1. *Iliocryptus sordidus* 측면

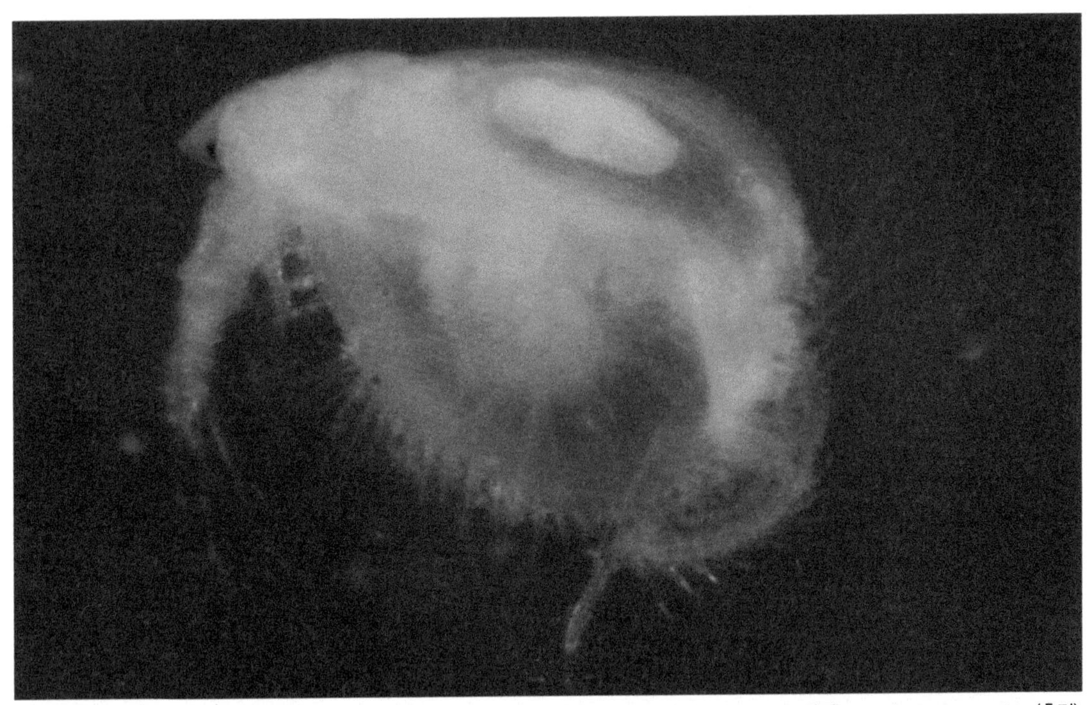

사진 15-2. *Iliocryptus sordidus*(측면)

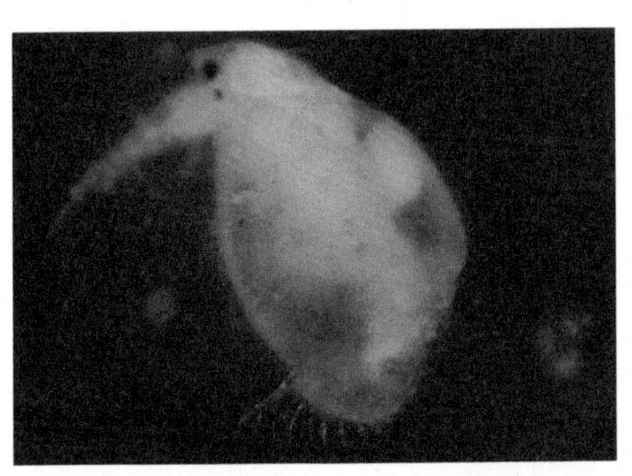

사진 15-3. *Iliocryptus sordidus*(측면)

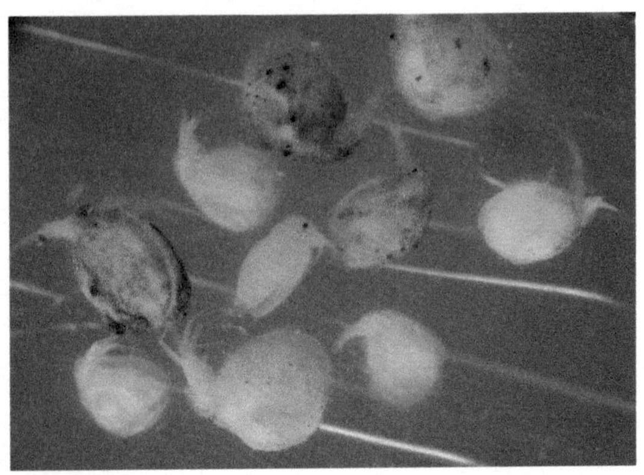

사진 15-4. *Iliocryptus sordidus*

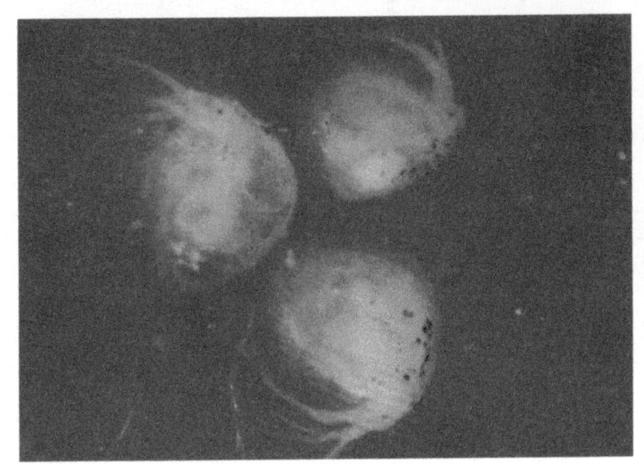

사진 15-5. *Iliocryptus sordidus*

사진 15-6. *Iliocryptus sordidus*

16. 긴배물벼룩 *Camptocercus rectirostris* Schoedler

절지동물문〉갑각강〉이지목〉씨물벼룩과
ARTHROPODA〉Crustacea〉Anomopoda〉Chydoridae

◉ 특징

체장은 0.50-0.78mm이며 체형은 직사각형에 가까운 계란형으로 좌·우로 아주 납작하다. 갑각은 황갈색을 띠고 앞부분이 뒷부분에 비해 훨씬 넓다. 갑각의 배연은 부푼 모양이고, 복연(腹緣)은 거의 직선을 이루나 앞부분은 약간 돌출되어 있고 중간부분은 약간 함몰되어 있다. 후연(後緣)은 비교적 낮으며 약간 밖으로 돌출하여 있다. 머리는 비교적 작으며 이마뿔은 기부가 넓고 말단부가 뾰족하다. 복안은 비교적 작으며 단안이 발달하였다. 후복부는 매우 길며 말단부쪽으로 가면서 아주 가늘어진다. 항문부위의 함몰이 심하며 앞뒤의 돌출이 뚜렷하다. 15-17개의 항문 가시를 가지는데, 항문 가시는 하나의 큰 가시와 1-2개의 작은가시가 조합되어 있다. 후복부의 양 옆면에는 15개 정도의 강모군이 배열한다. 발톱은 가늘고 긴데 기부쪽에 하나의 큰 발톱가시가 나 있으며, 중간 부위에는 발톱가시보다 크기가 작은 가시들이 일렬로 배열해 있다.

◉ 생태

주로 논, 물웅덩이, 호수 등에 서식한다. 그러나 이들에 대한 생태적인 자료는 거의 없다.

◉ 분포

한국, 중국, 일본 등을 포함한 대부분 국가

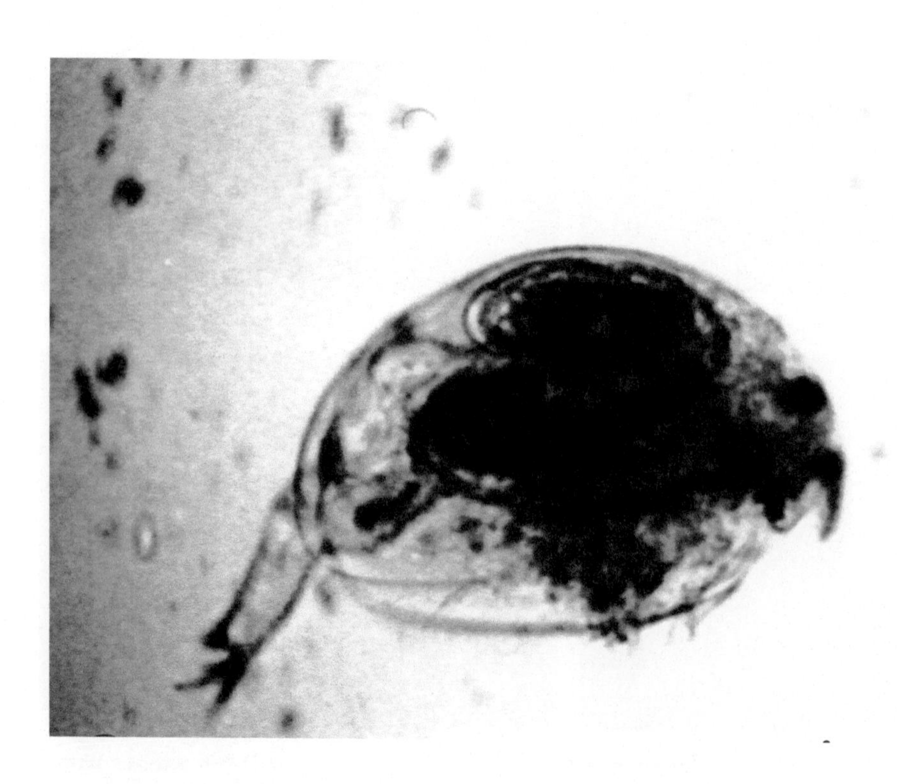

사진 16-1. 긴배물벼룩(측면)

17. 오목배큰씨물벼룩 *Alona guttata* Sars

절지동물문〉갑각강〉이지목〉씨물벼룩과
ARTHROPODA〉Crustacea〉Anomopoda〉Chydoridae

◉ 특징

체장은 0.47-0.62mm로 작은 종에 속한다. 체형은 직사각형에 가깝고 좌·우가 평평하다. 갑각은 옅은 황색을 띠며 투명하다. 배연(背緣)은 부푼 모양이며, 복연(復緣)은 거의 직선을 이룬다. 복연(復緣)의 앞부분에 강모가 조밀하게 배열해 있다. 후배각은 거의 돌출하지 않았으며 후복각은 둥글다. 갑각에는 평평한 줄무늬가 뚜렷히 나타난다. 머리는 작은 편이며 이마뿔은 짧고 둔하다. 항문은 미부배면(尾部背面)의 중앙보다 전방에 열려있다.

◉ 생태

논내 웅덩이 등에 광범위하게 서식하며, 출현 환경은 *Daphnia*속, *Moina*속과 비슷하다.

◉ 분포

한국, 일본, 중국

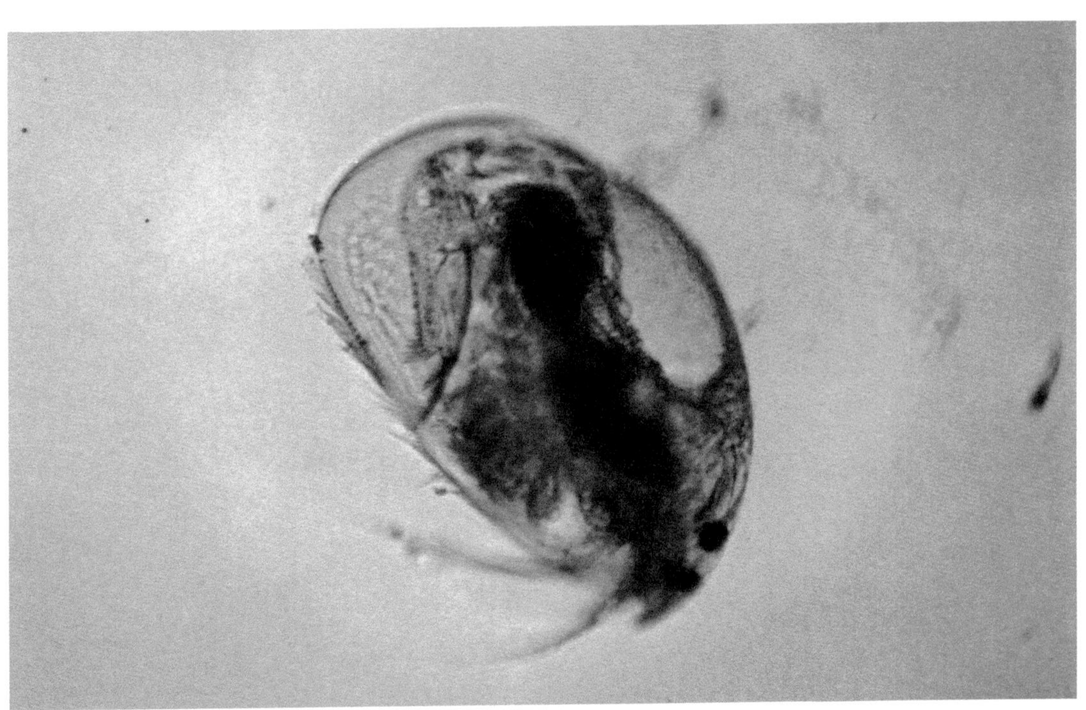

사진 17-1. 오목배큰씨물벼룩

18. 긴날개씨벌레 *Ilyocypris angulata* Sars

절지동물문>갑각강>절병목>진흙씨벌레과
ARTHROPODA>Crustacea>Podocopida>Ilyocyprididae

◉ 특징
체장은 0.8–0.9mm이다. 갑각의 습곡은 크고 표면에 원형 돌출물이 있다. 갑각의 앞뒤에 여러개의 크고 작은 가시가 있다.

◉ 생태
논과 얕은 웅덩이에 서식하며, 봄부터 늦가을까지 출현한다.

◉ 분포
한국, 일본, 중국

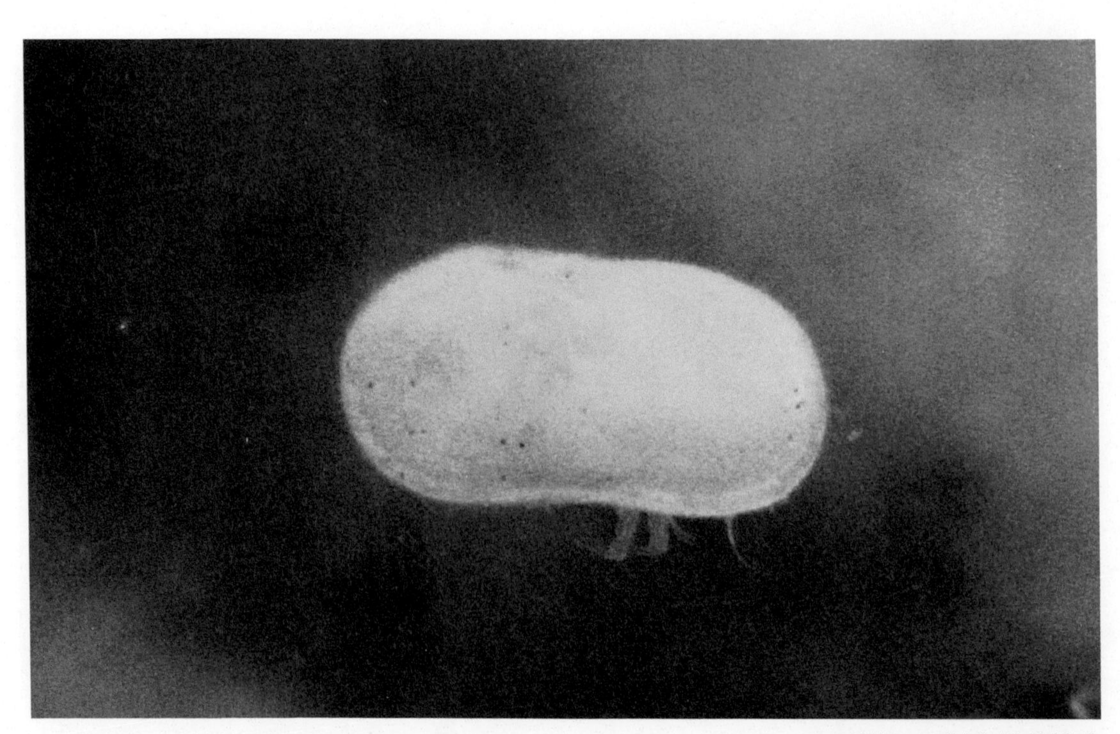

사진 18–1. 긴날개씨벌레(좌측면)

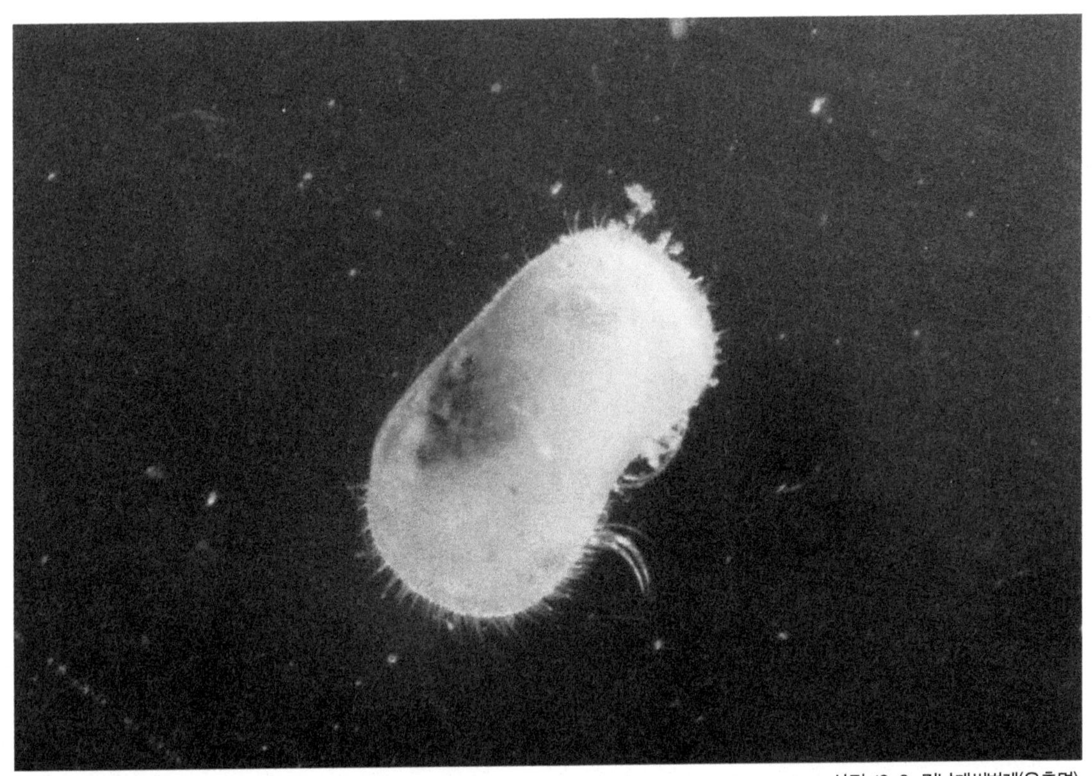

사진 18-2. 긴날개씨벌레(우측면)

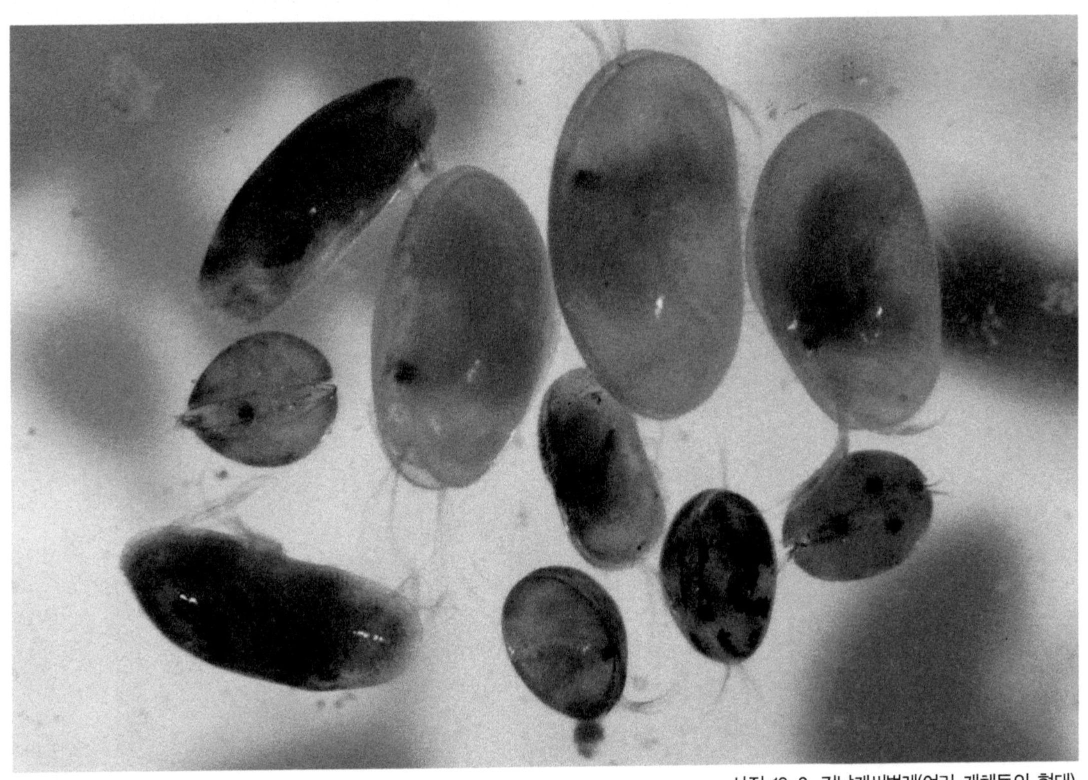

사진 18-3. 긴날개씨벌레(여러 개체들의 형태)

19. 국내 미기록종 *Cyprinotus kimberleyensis* (Mckenzie)

절지동물문〉갑각강〉절병목〉참씨벌레과
ARTHROPODA〉Crustacea〉Podocopida〉Cyprididae

◉ **특징**

체장은 1.1mm정도이다. 갑각에 혹같은 큰 돌기가 있으며, 표면에 일정한 간격으로 소혈이 있다.

◉ **생태**

주로 간척지 논과 같이 염분이 있는 기수역에 서식하지만, 일반 논에서도 관찰된다.

◉ **분포**

한국, 일본

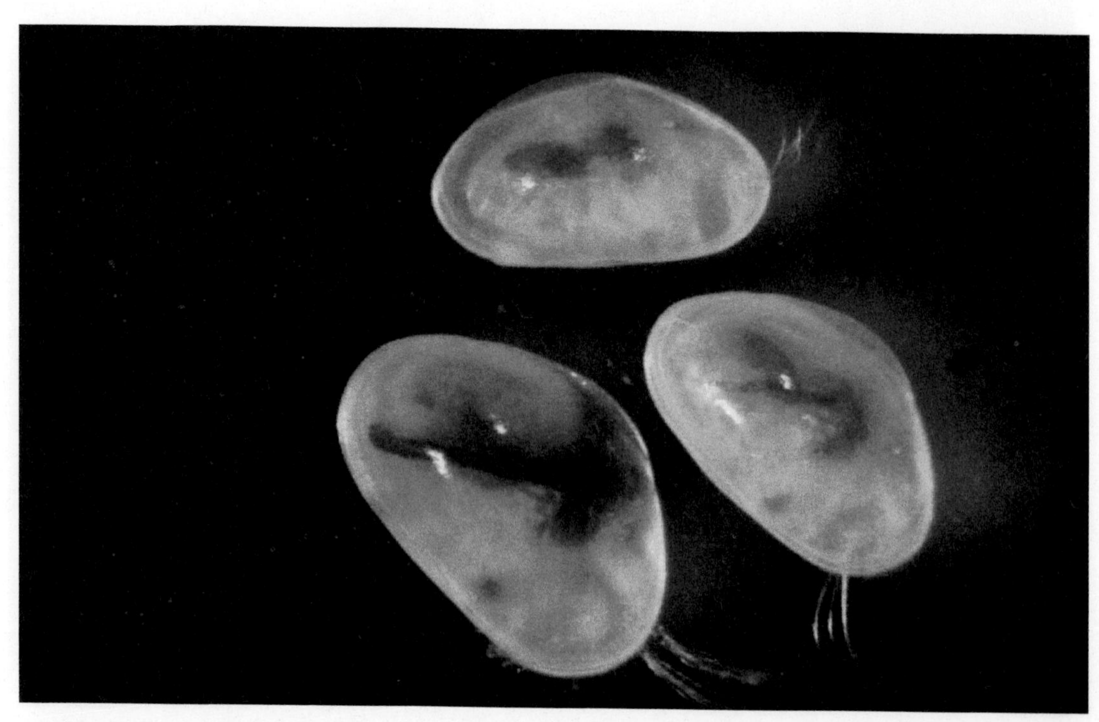

사진 19-1. *Cyprinotus kimberleyensis*(좌:♀의 포란, 상과 우:♂의 측면)

사진 19-2. *Cyprinotus kimberleyensis*(여러 개체들의 형태)

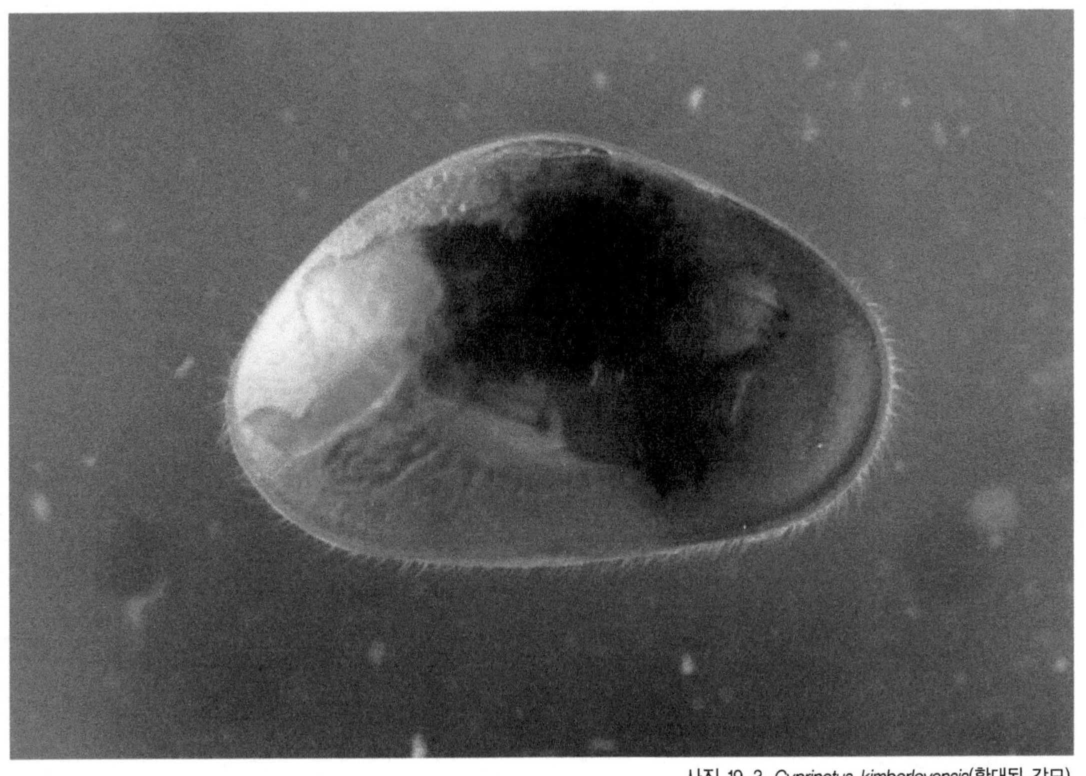

사진 19-3. *Cyprinotus kimberleyensis*(확대된 강모)

20. 국내 미기록종 *Stenocypris hislopi* (Ferguson)

절지동물문〉갑각강〉절병목〉참씨벌레과
ARTHROPODA〉Crustacea〉Podocopida〉Cyprididae

◉ 특징

체장은 1.6-1.7mm이다. 체형은 발자국 모양과 비슷하다. 갑각의 색은 옅은 다갈색을 띠면서 검은 점무늬가 있다. 양곡편에 앞록상부의 격벽은 크고, 격벽열은 폭이 넓다.

◉ 생태

주 서식지는 일반논, 소저수지 및 물웅덩이 등이다.

◉ 분포

한국, 일본

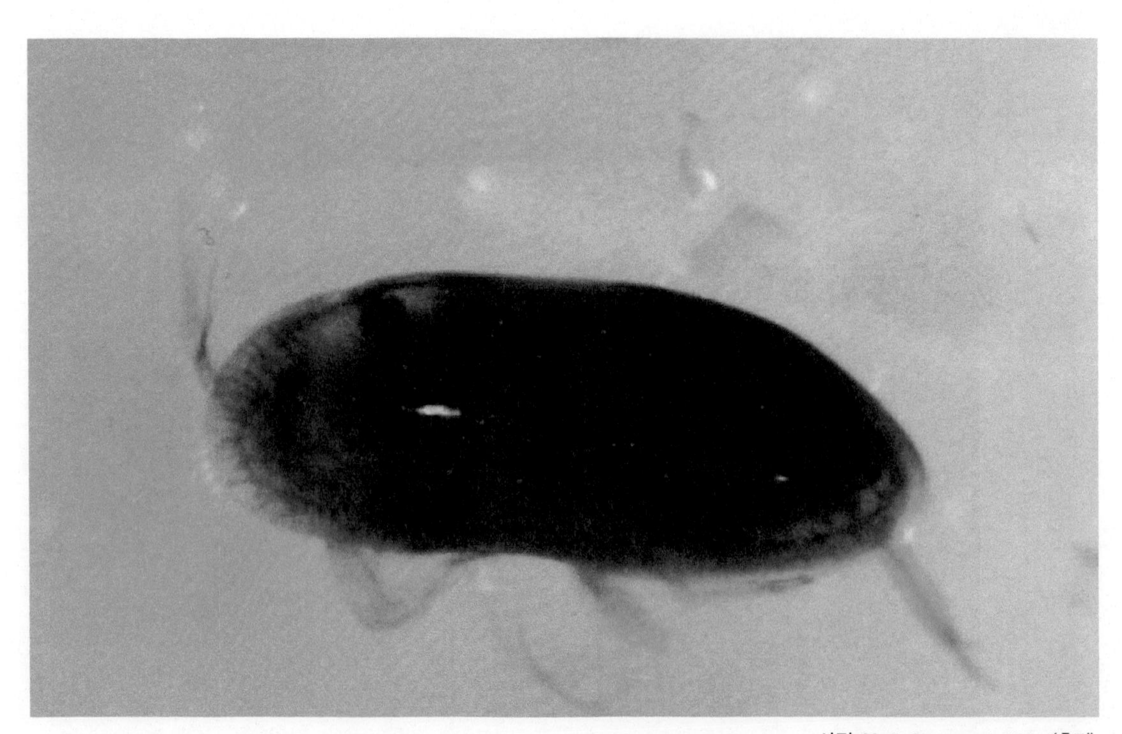

사진 20-1. *Stenocypris hislopi*(측면)

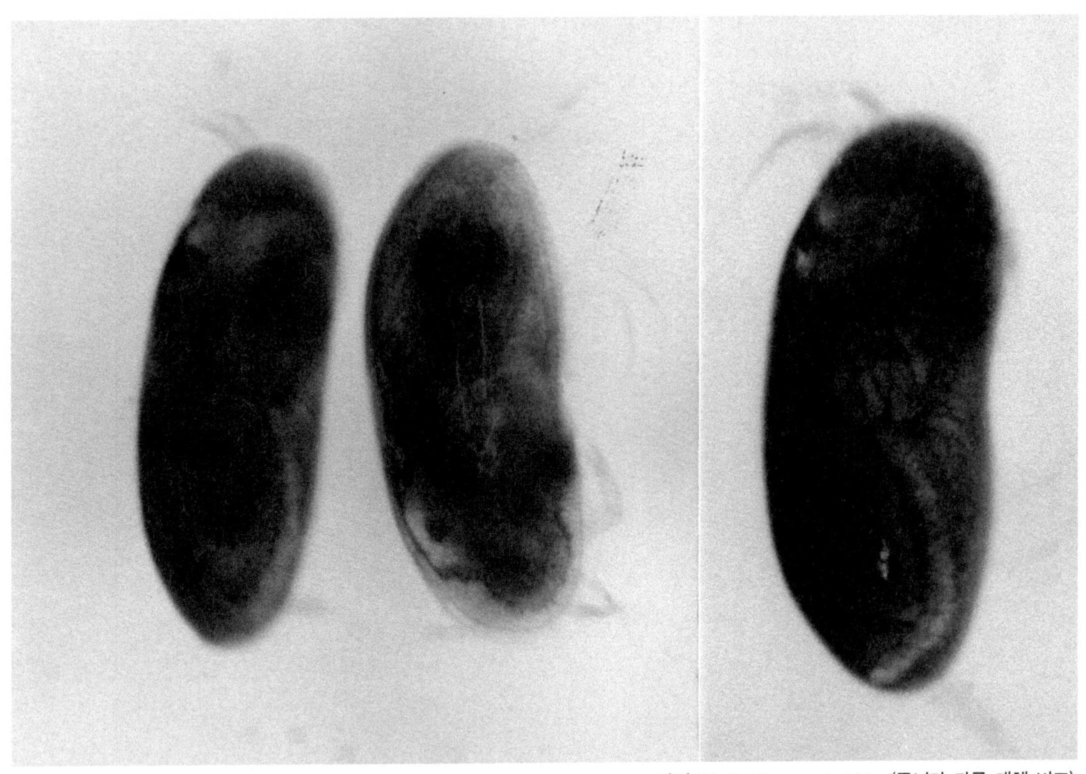

사진 20-2. *Stenocypris hislopi*(무늬가 다른 개체 비교)

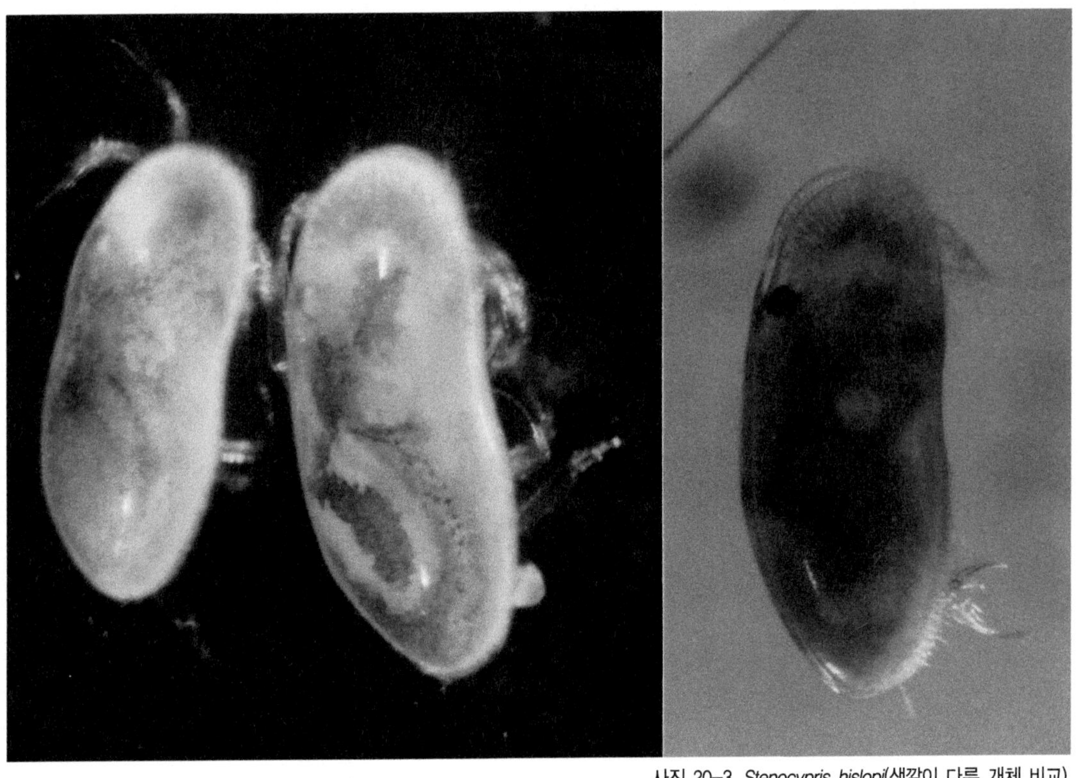

사진 20-3. *Stenocypris hislopi*(색깔이 다른 개체 비교)

21. 국내 미기록종 *Strandesia tuberculata* (Hartmann)

절지동물문〉갑각강〉절병목〉참씨벌레과
ARTHROPODA〉Crustacea〉Podocopida〉Cyprididae

◉ 특징

체장은 0.7mm정도이다. 갑각의 좌 · 우, 앞 · 뒤에 1개씩 4개의 사마귀 같은 돌기가 있다. 색은 옅은 노랑색을 띠면서 검은 무늬들이 있으며 *S. decorata*종과 비슷하다.

◉ 생태

본 도감에 수록된 것은 일본 논에서 채집되었다.

◉ 분포

한국, 일본

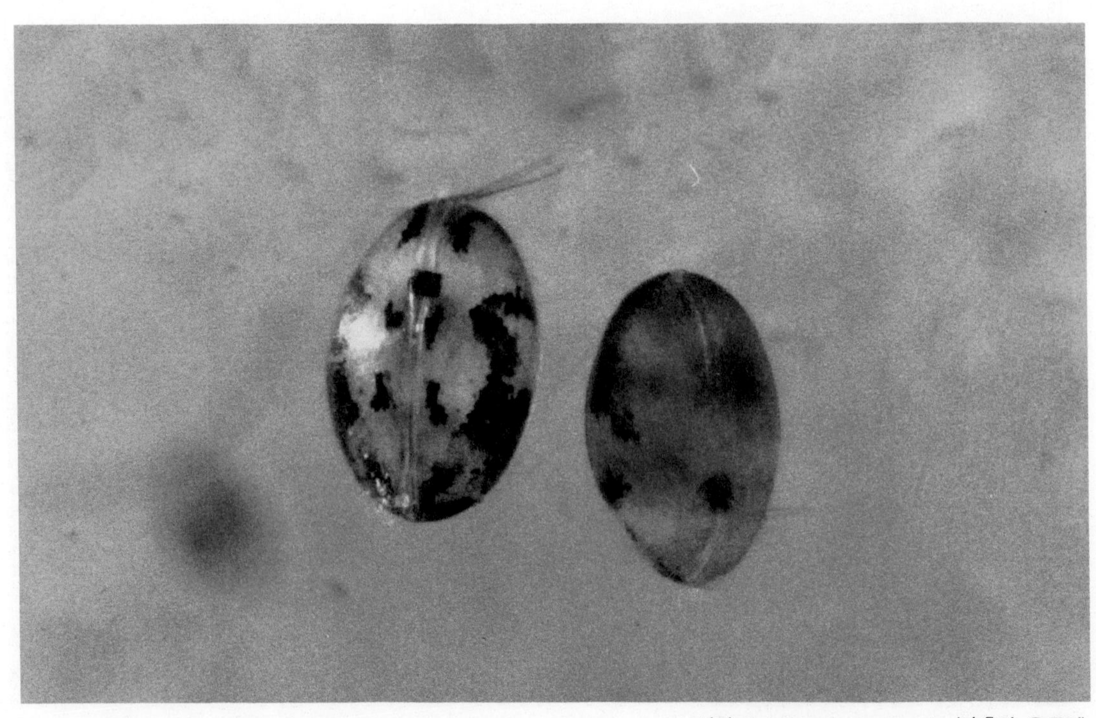

사진 21-1. *Strandesia tuberculata*(좌:측면, 우:등면)

22. 땅딸보투명씨벌레 *Dolerocypris fasciata* (O. F. Muller)

절지동물문〉갑각강〉절병목〉참씨벌레과
ARTHROPODA〉Crustacea〉Podocopida〉Cyprididae

◉ **특징**
체장은 1.5mm정도이다. 갑각의 좌곡 앞 · 뒤 부분에 내귀가 발달하였다. 이 부분에 1본의 선을 확실하게 볼 수 있는 것이 D. *sinensis*종과 구별된다.

◉ **생태**
일반논의 점토 속에 서식한다.

◉ **분포**
한국, 일본

사진 22-1. 땅딸보투명씨벌레

23. 알씨벌레 *Cypretta seurati* Gautier

절지동물문〉갑각강〉절병목〉가는꼬리씨벌레과
ARTHROPODA〉Crustacea〉Podocopida〉Cypridopsidae

◉ 특징

체장은 0.7mm정도이다. 갑각의 곡선은 위에서 보면 뒤쪽이 조금 불룩한 광란형이며, 곡면 일부에 미세한 혈이 산재해 있다. 갑각의 표면은 연한 황갈색, 녹색 등 개체마다 색깔과 무늬가 다양하다. 또한 무늬가 전혀 없는 개체도 있다.

◉ 생태

본 도감에 수록된 것은 일반논과 얕은 물웅덩이의 점토 속에서 채집하였다.

◉ 분포

한국, 일본

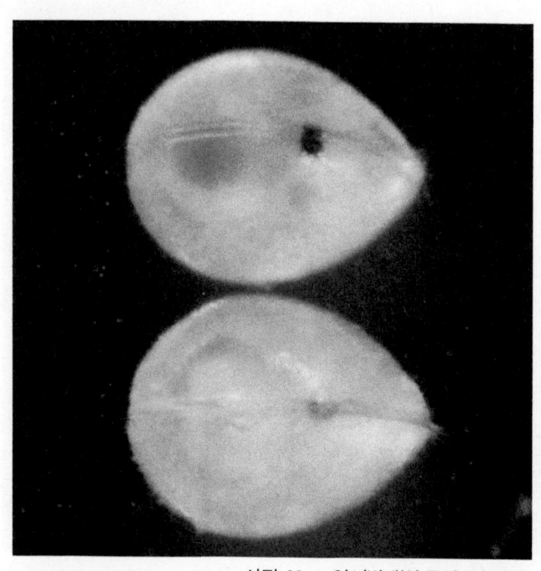

사진 23-1. 알씨벌레(상:등면, 하:배면)

사진 23-2. 알씨벌레(여러 개체들의 형태)

24. 태평뾰족노벌레 *Acanthodiaptomus pacificus* (Burckhardt)

절지동물문〉갑각강〉긴노요각목〉민물긴노벌레과
ARTHROPODA〉Crustacea〉Calanoida〉Diaptomidae

◉ 특징
암컷의 체장은 1.6-1.9mm이며 수컷은 암컷보다 약간 작다. 제 1촉각이 체장의 길이와 비슷하다.

◉ 생태
주로 산악 호수나 대형 호수에 서식하지만, 논에서도 발견된다.

◉ 분포
한국, 일본

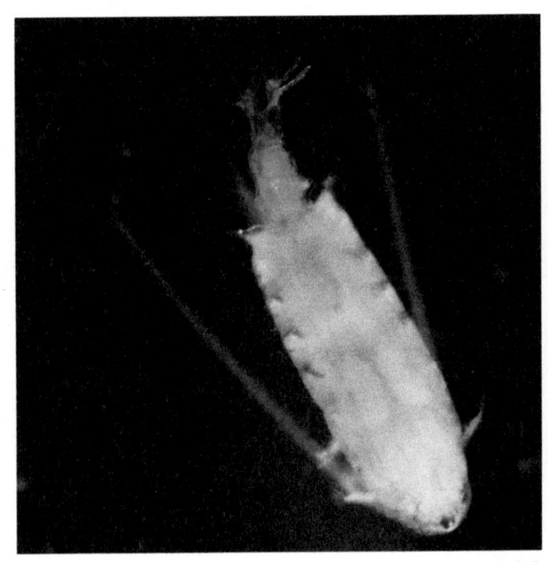
사진 24-1. 태평뾰족노벌레

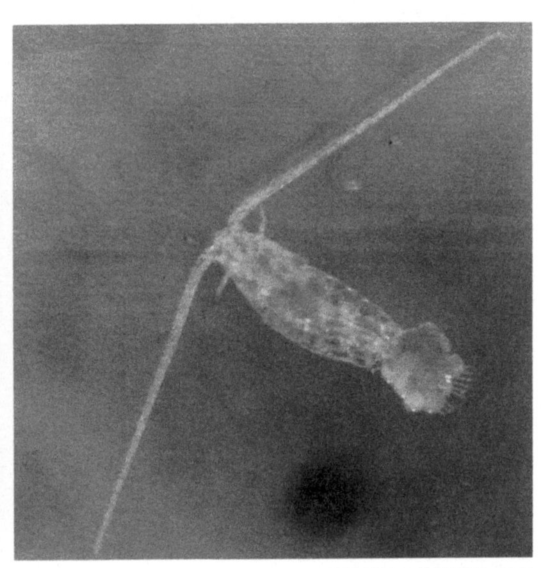
사진 24-2. 태평뾰족노벌레

25. 국내 미기록종 *Eodiaptomus japonicus* (Burckhardt)

절지동물문〉갑각강〉긴노요각목〉민물긴노벌레과
ARTHROPODA〉Crustacea〉Calanoida〉Diaptomidae

◉ 특징

소형의 물벼룩으로 체장은 1.2mm 정도이다. 수컷의 제 1촉각 말단부에서 제 3마디절에도 긴 가시형태의 돌기를 가지며, 제 5각 둘째절 외측 돌기는 가늘고 길어 선단 가까이에 달한다. 안다리의 선단부가 치아 형태를 하고 있는 것이 특징이다.

◉ 생태

일반적으로 호수나 댐 등의 큰 수역에 서식하지만, 일반논과 얕은 물웅덩이의 점토 속에서도 채집되었다.

◉ 분포

한국, 일본

사진 25-1. *Eodiaptomus japonicus*(상:포란×, 하:포란○)

26. 톱니꼬리검물벼룩 *Eucyclops serrulatus* (Fischer)

절지동물문〉갑각강〉검물벼룩목〉검물벼룩과
ARTHROPODA〉Crustacea〉Cyclopoida〉Cyclopidae

◉ 특징

체장은 1.0mm정도이다. 깍지낀 다리가 길며 폭의 3-4배이다. 언저리에 톱니를 갖고 있는 것이 특징이며, 제 5각은 1절로 되어 있고 수정주머니는 평편한 형태이다.

◉ 생태

일반적으로 호수의 얕은 곳에 서식하는 종이지만, 작은 저수지나 물웅덩이에서도 서식하며, 논에서도 채집된다.

◉ 분포

한국, 일본을 포함한 전세계적으로 분포

사진 26-1. 톱니꼬리검물벼룩(포란)

27. 참검물벼룩 *Cyclops vicinus* U1janin

절지동물문〉갑각강〉검물벼룩목〉검물벼룩과
ARTHROPODA〉Crustacea〉Cyclopoida〉Cyclopidae

◉ 특징

체장은 1.7mm정도이다. 깍지낀 다리는 길고 폭의 6-8배이며, 마지막 절이 측방으로 돌출된 것이 특징이다. 수정주머니의 형태는 오뚝이 형이다.

◉ 생태

냉수성(冷水性) 종으로 평지의 호수와 늪에서는 기온이 낮은 시기에 출현한다. 얕은 물웅덩이나 논에서도 채집된다.

◉ 분포

한국, 일본을 포함한 전세계적으로 분포

사진 27-1. 참검물벼룩(포란, 등면)

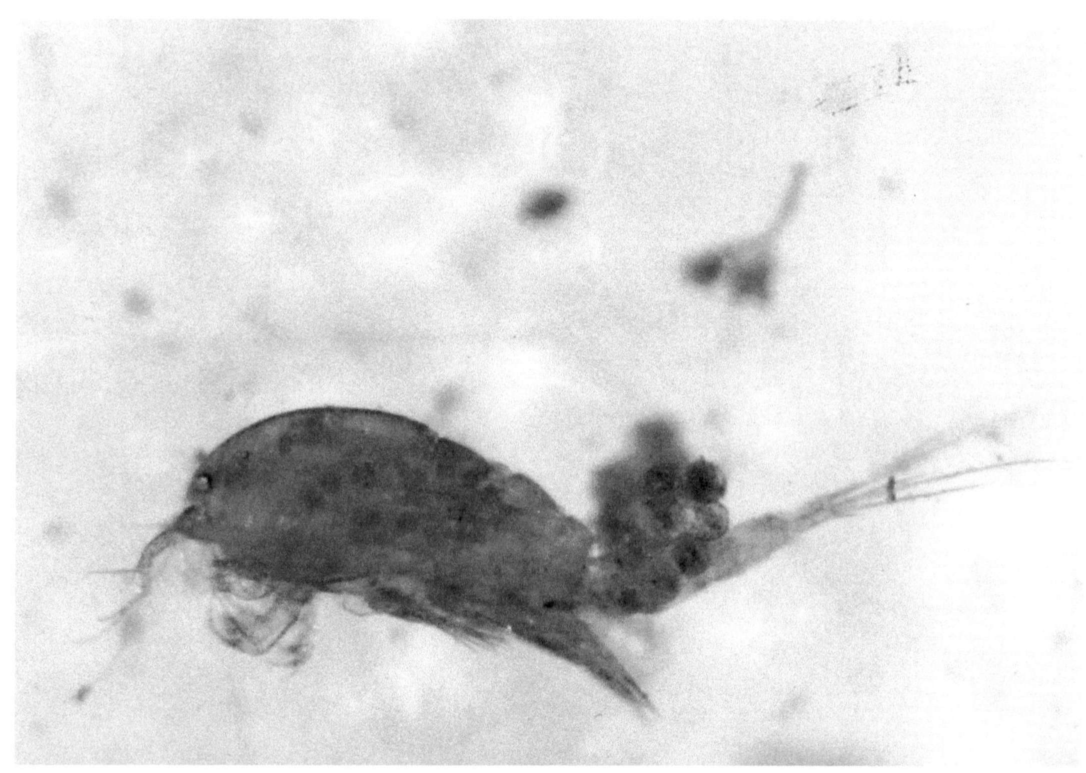

사진 27-2. 참검물벼룩(포란, 측면)

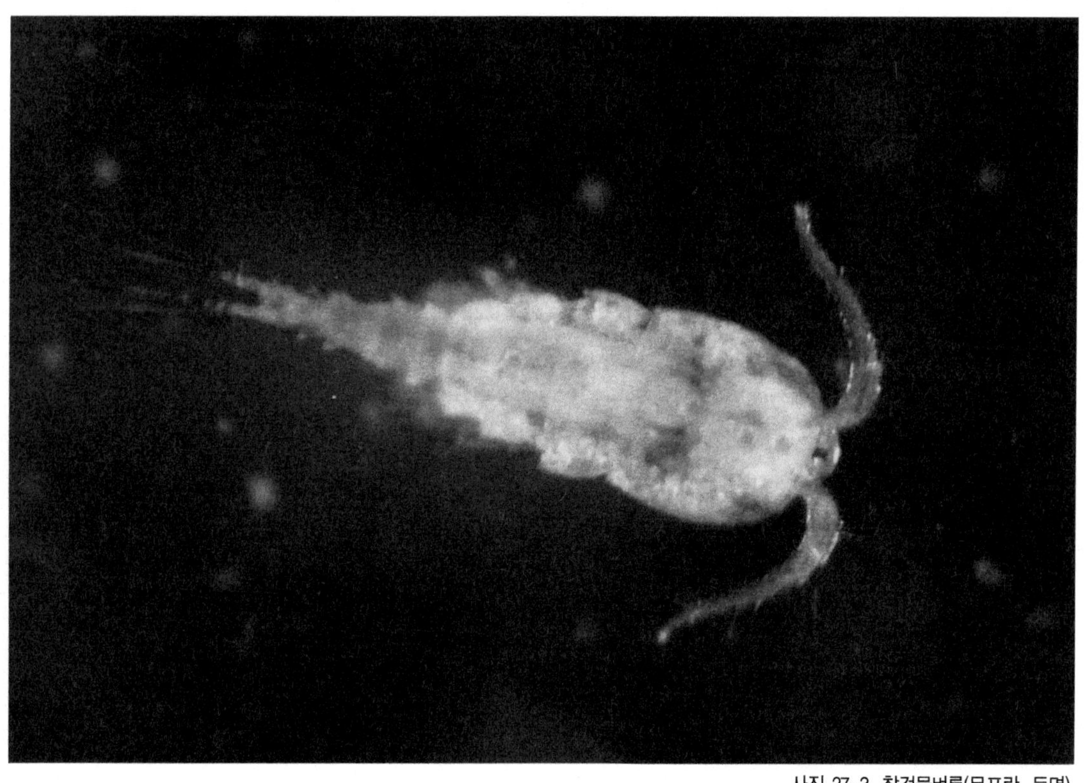

사진 27-3. 참검물벼룩(무포란, 등면)

28. 물벌레 *Asellus hilgendorfii* Bovalius

절지동물문〉갑각강〉등각목〉물벌레과
ARTHROPODA〉Crustacea〉Isopoda〉Asellidae

◉ 특징

체장은 8-10mm이고 평평한 형태를 하고 있다. 체색은 회갈색과 흑갈색을 띠며, 등면에는 회색의 반점무늬가 있다. 다리는 7쌍으로 앞의 1쌍의 기능은 입의 기능을 하고, 6쌍의 다리는 걷는 기능을 한다. 수심이 얕고 물의 흐름이 없는 작은 수로나 곡간답의 온수로와 같이 물이 정체되어 어느 정도 부영양화된 수로의 수초나 돌 아래 숨어있거나 물밑을 기어다닌다. 논의 바닥에서 잘 채집되며, 오염된 물에서도 살기 때문에 일본에서는 수질판정지표종으로 알려져 있다.

◉ 생태

서식환경은 호수, 저수지, 물웅덩이, 하천, 논 및 찬물이 나는 용출지가 서식지이다. 보통 등각목은 자웅이 교미하고, 암컷의 복면에 발생되는 육아방이라 고하는 띠에 난이 부착되어 그 안에서 부화되어 자충이 태어난다.

◉ 분포

한국, 일본

사진 28-1. 물벌레(♀, 등면)

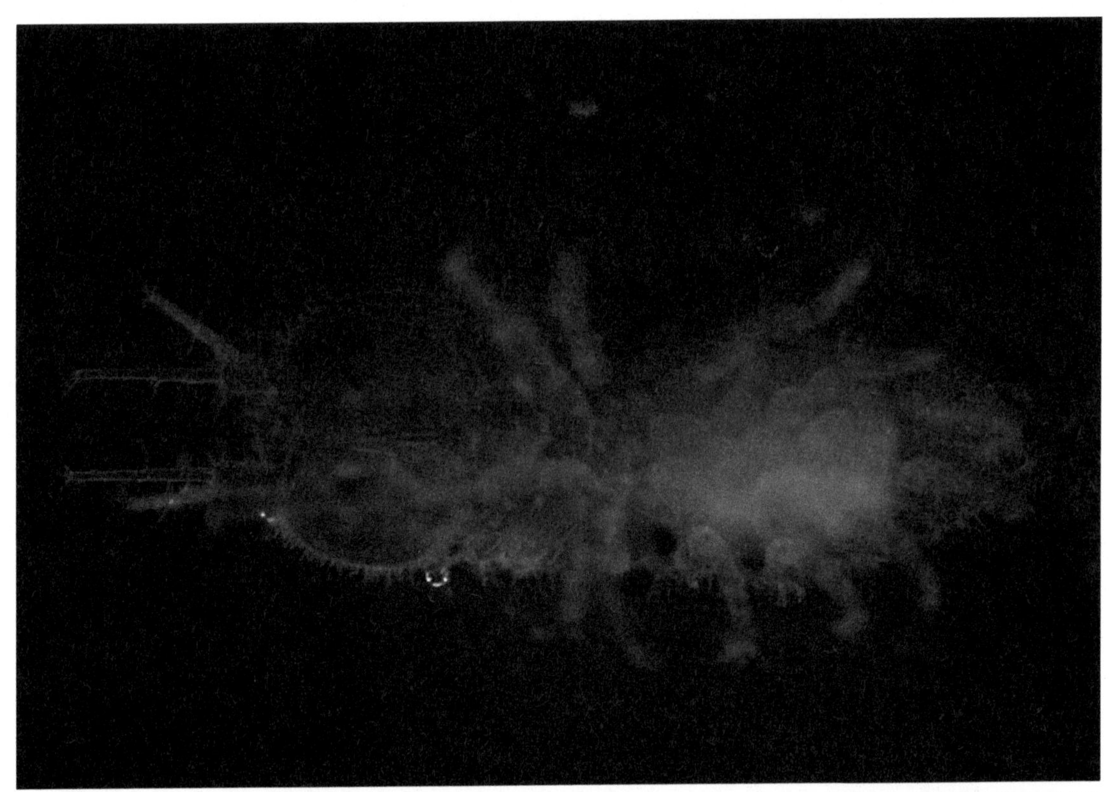

사진 28-2. 물벌레(♀, 복면 포란중)

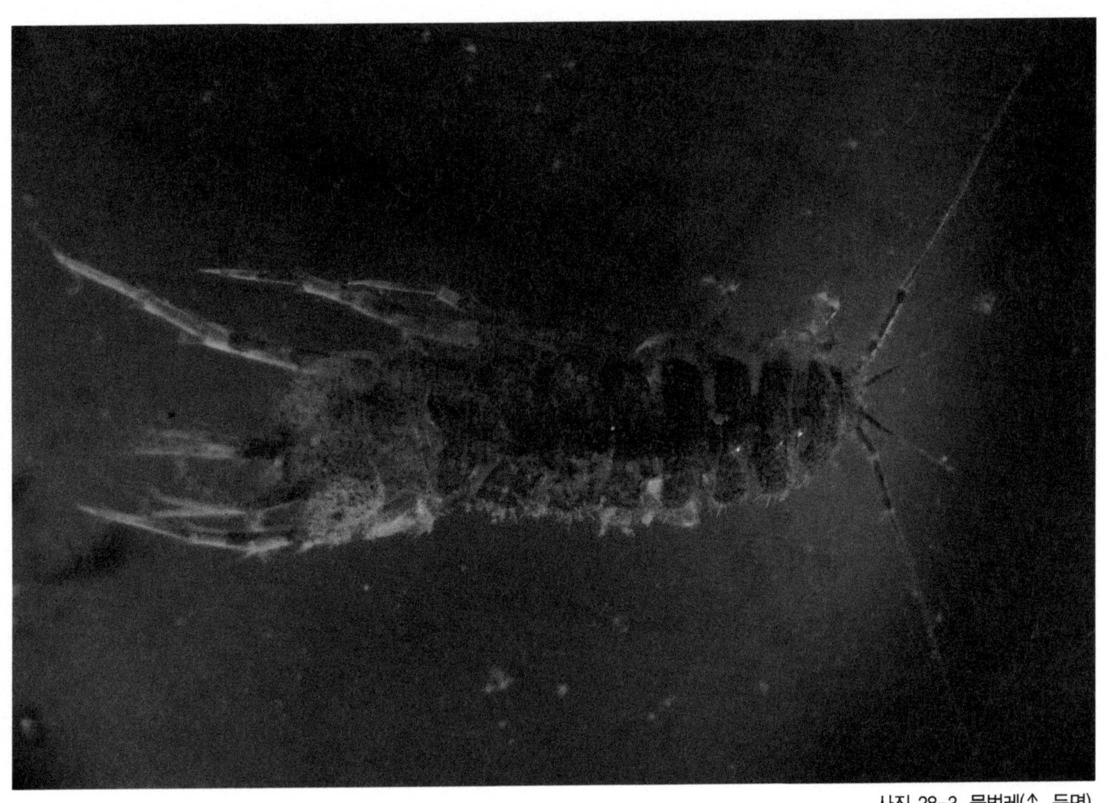

사진 28-3. 물벌레(♂, 등면)

29. 일본멧강구 *Ligidium japonicum* Verhoeff

절지동물문〉갑각강〉등각목〉갯강구과
ARTHROPODA〉Crustacea〉Isopoda〉Ligiidae

◉ 특징

성체의 크기는 13mm내외이고 외형은 원추형이며, 체색은 검은색 바탕에 갈색의 불규칙한 무늬가 산재한다. 몸통에 큰 등갑이 7개 있고, 뒤쪽에 작은 등갑 6개가 있으며, 수컷의 제 2가슴 다리 안쪽 것의 선단에 소형의 구침을 가지나 변이가 크다. 발생하는 해에는 성체로 성장하지 못하고, 월동 후 이듬해 재성장을 하며, 번식 가능한 크기까지 성장한다. 수명은 6월부터 이듬해 8월까지 1년정도이다.

◉ 생태

곡간지의 농수로 및 온수로 등의 수변에서 군생하는 특징이 있고, 특히 수생식물이 고사한 후 쌓여있고 수분이 충분한 장소에서 많이 볼 수 있다.

◉ 분포

한국, 일본, 중국

사진 29-1. 일본멧강구(등면)

30. 민가시예소옆새우 *Jesogammarus koreaensis* Lee et Seo

절지동물문〉갑각강〉단각목〉아니소옆새우과
ARTHROPODA〉Crustacea〉Amphipoda〉Anisogammaridae

◉ 특징
성체의 크기는 5-9mm내외이고, 외형은 콩팥 형태로 반타원형이다. 큰 촉각의 길이는 체장의 1/2정도이며 촉각의 마디수는 29마디이고, 작은 촉각은 5마디로 구성되어 있다. 턱다리의 안쪽에 9개의 긴털을 가지며, 바깥 판에는 치밀하게 붙은 9개의 가시와 빗살모양의 3개의 가시를 가지고 있다.

◉ 생태
곡간지의 농수로 및 온수로, 논내관개용 물웅덩이 등에 많이 서식한다. 특히 활엽수의 잎이 많이 쌓여 있는 산간지역의 농수로 및 온수로에서 흔히 관찰된다.

◉ 분포
한국, 일본

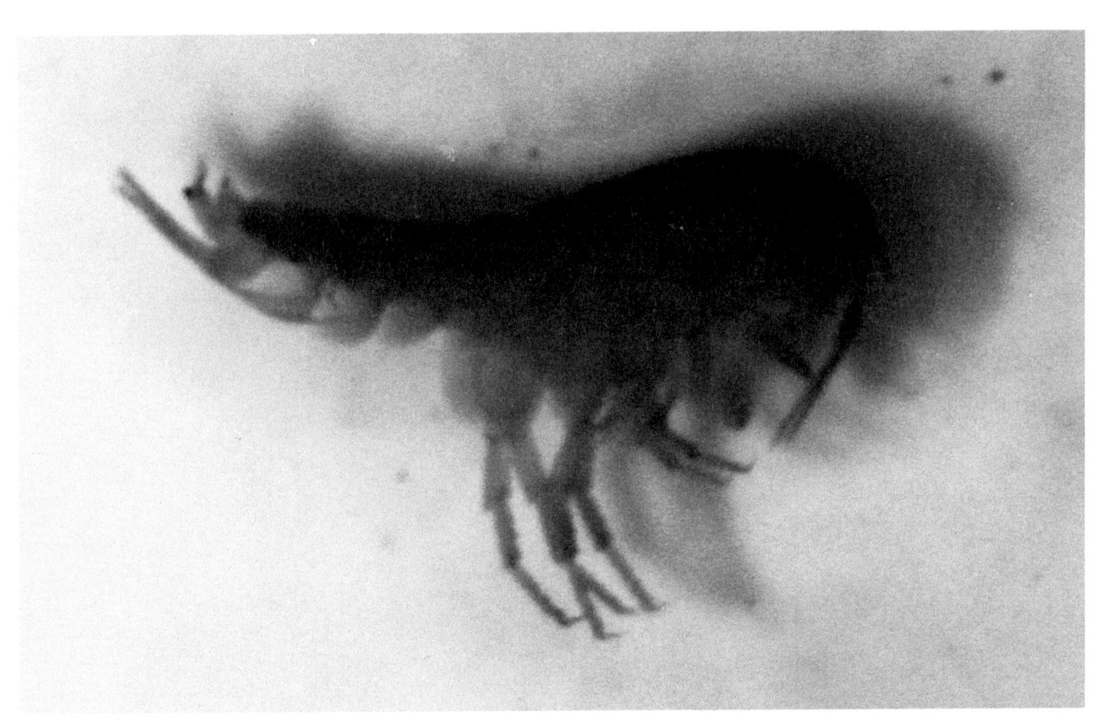

사진 30-1. 민가시예소옆새우(측면)

사진 30-2. 민가시예소옆새우 서식지(온수로)

31. 털보옆새우 *Gammarus kyonggiensis* Lee et Seo

절지동물문〉갑각강〉단각목〉옆새우과
ARTHROPODA〉Crustacea〉Amphipoda〉Gammaridae

◉ 특징

성체의 크기는 8-10mm내외이고 외형은 반원형이다. 큰 촉각의 길이는 체장의 2/3정도이며 촉각의 마디수는 14마디이고, 작은 촉각의 4마디와 5마디에 3줄의 털뭉치를 가지고 있는 것이 특징이다.

◉ 생태

주로 곡간지의 농수로 및 온수로 등에 많이 서식한다. 특히 산 밑에 붙어있는 수로 중 낙엽이 많이 쌓이고 차가운 물이 흐르는 곳에서 흔히 관찰된다.

◉ 분포

한국, 일본

사진 31-1. 털보옆새우(측면)

사진 31-2. 털보옆새우(측면)

사진 31-3. 털보옆새우 서식지(곡간지 논의 깨끗한 냉수가 흘러드는 얕은 물웅덩이)

32. 참게 *Eriocheir sinensis* H. Milne Edwards

절지동물문〉갑각강〉십각목〉바위게과
ARTHROPODA〉Crustacea〉Decapoda〉Grapsidae

◉ 특징

성충의 갑각 길이는 63mm이고 폭은 70mm정도이다. 체색은 다갈색이고, 앞쪽 두개의 큰 집게 발에는 갈조와 같은 강모를 가진다. 현재 바다와 연계된 강 하루에 큰 댐이나 물막이를 하여 강 상류에서 참게를 찾아보기 어렵다.

◉ 생태

어린 참게는 먹이가 풍부하고 숨기에 좋은 논이나 하천에서 자라, 성체가 되면 산란을 위해 바다로 이동하여 바다에서 100만개 정도의 알을 산란한다. 산란이 끝나면 다시 논이나 하천으로 돌아온다. 야행성으로 밤에 활동하기 때문에 낮에는 거의 볼 수 없다. 따라서 해양생태계와 담수생태계를 연결하는 지역인 기수역을 선호하는 환경지표종이다. 국내 분포지역은 전라북도가 한계 분포지역이고 11-12월에 산란하며 1-4월에 부화한다.

◉ 분포

한국, 중국

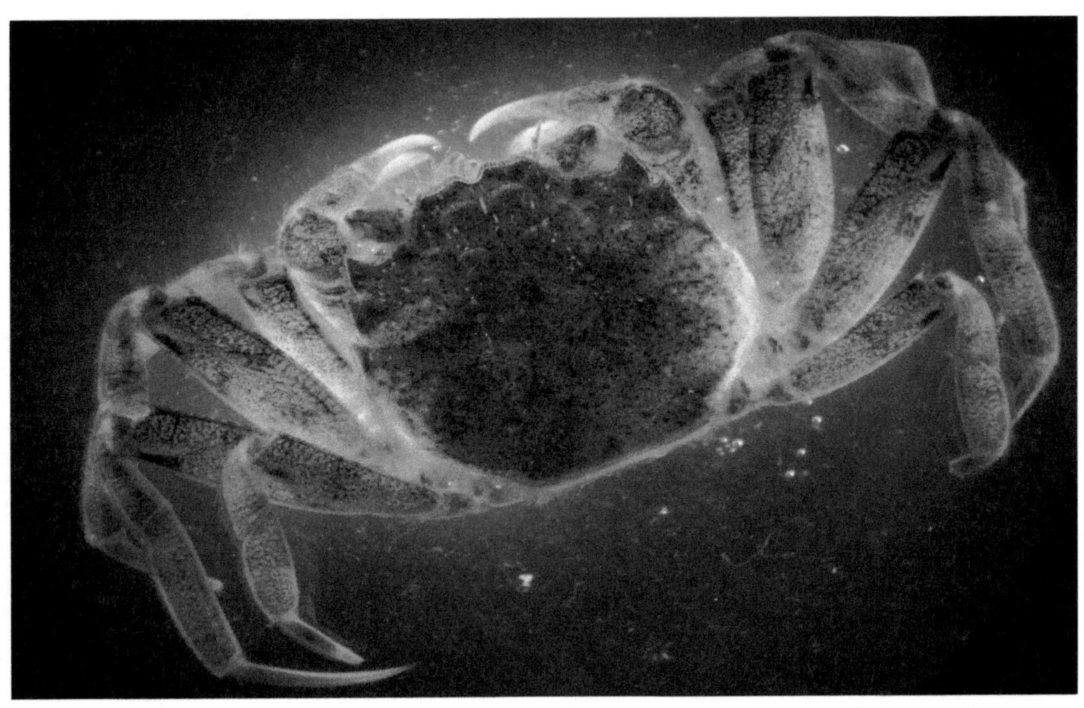

사진 32-1. 참게 등면(어린 개체)

사진 32-2. 참게(♀, 등면)

사진 32-3. 참게(♂, 등면)

사진 32-4. 참게등딱지 형태

사진 32-5. 참게(♀, 등면)

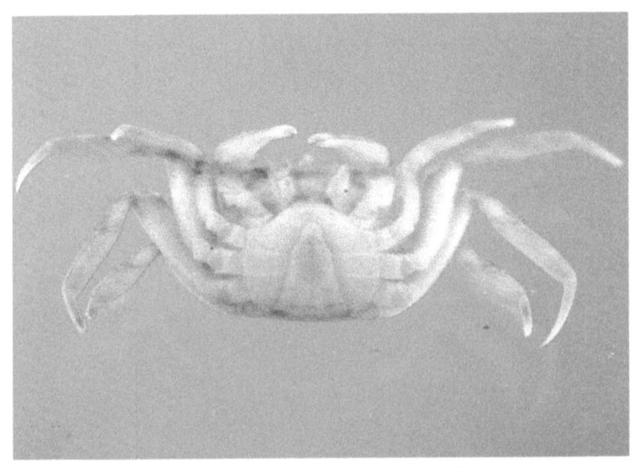
사진 32-6. 참게(♂, 복면 어린개체)

사진 32-7. 참게(♀, 복면)

사진 32-8. 참게서식지(농수와 연결된 소하천)

33. 동남참게 *Eriocheir japonicus* De Haan

절지동물문〉갑각강〉십각목〉바위게과
ARTHROPODA〉Crustacea〉Decapoda〉Grapsidae

◉ 특징

성체의 크기는 60-200mm이고 갑각의 길이는 64mm이고 폭은 70-100mm정도이며, 중량은 ♀150g이상, ♂200g이상이다. 강, 하천 및 논 등에 사는 갑각류중 가장 큰 대형종에 속한다. 체색은 다갈색이고 앞쪽 두개의 큰집게 발에는 갈조와 같은 강모를 가진다. 현재에는 바다와 연계된 강의 하류를 막아 갑문을 설치하고 낙차가 큰 댐이나 물막이(하구언)를 조성하여 오를 수 있는 길을 막아놓아 강의 상류에서는 찾아보기 어렵다. 최근 친환경농법의 일환으로 참게농법이 성행하고 있어 논에서는 인공적으로 동남참게를 볼 수 있을 것 같다.

◉ 생태

국내 분포지역은 남해와 제주도 연안으로 바닷물이 흘러드는 하천이다. 어린 동남참게는 먹이가 풍부하고 숨기에 좋은 논이나 하천에서 자라, 성체가 되면 가을철에 번식을 위해 바다로 이동하며, 산란이 끝나면 다시 논이나 하천으로 돌아온다. 강 하구지역에서 교미하며 4-6월에 포란하고 부화하며, 10cm정도까지 자란 후 하천으로 올라와 성장한다. 야행성으로 밤에 활동하기 때문에 낮에는 거의 볼 수 없다. 해양생태계와 탐수생태계를 연결하는 기수역을 선호하는 환경지표종이다.

◉ 분포

한국, 일본, 타이완, 홍콩

사진 33-1. 동남참게(♂, 등면)

사진 33-2. 동남참게(♀, 등면)

사진 33-3. 동남참게(♂, 등면)

사진 33-4. 동남참게(♂, 등면 확대)

사진 33-5. 동남참게(♂, 복면)

34. 가재 *Cambaroides similis* (Koelbel)

절지동물문〉갑각강〉십각목〉가재과
ARTHROPODA〉Crustacea〉Decapoda〉Cambaridae

◉ 특징

성체의 크기는 50mm내외이고 갑각만의 크기는 29-32mm정도이다. 국내에는 가재과 1속에 만주가재와 가재 2종이 있고, 외형적 특성을 보면 몸은 머리가슴과 배 두부분으로 되어있다. 큰 더듬이 1쌍은 몸의 균형을 유지하는데 사용하고, 작은 더듬이 1쌍은 감각기관으로 먹을 것을 찾는데 사용한다. 눈은 1쌍의 자루눈을 가지며 입에는 3쌍의 턱을 가지고, 다리는 5쌍으로 제일 큰 집게 다리는 공격과 방어 및 먹이를 잡는데 주로 사용되며, 나머지 4쌍은 보행지로 물 속을 걷는데 사용된다. 배다리는 알을 낳아 포란하는데 사용하고, 우화 후에도 어느 정도 자라기까지 보호하며 때가 되면 배다리를 털어 새끼를 분산시킨다. 또한 배다리 끝에 있는 꼬리채는 천적으로 부터 도망갈 때 재빠른 후퇴를 위해 사용되기도 한다.

◉ 생태

가재는 원래 마을안을 흐르는 하천의 찬물이 나는 돌틈이나 토굴을 파고 살거나 곡간답 한귀퉁이에 찬물이 나는 곳에 굴을 파고 산다. 현재는 마을인근 하천이 세척제와 농약등으로 오염되어 사람의 손이 닿지 않는 숲이 우거진 하천의 상부에서만 관찰된다.

◉ 분포

한국의 제주도, 울릉도, 함경도 및 평안북도를 제외한 전지역

사진 34-1. 가재성체(등면)

사진 34-2. 가재성체(등면)

사진 34-3. 가재등면(어린개체)

사진 34-4. 가재 서식지(곡간 농수로)

사진 34-5. 가재 서식지(휴경논 5년차)

35. 새뱅이 *Caridina denticulata denticulata* De Haan

절지동물문〉갑각강〉십각목〉새뱅이과
ARTHROPODA〉Crustacea〉Decapoda〉Atyidae

◉ 특징

성체의 크기는 10-28mm내외이고 육봉형으로 대형난을 산란하고, 포란 개체가 있으면 다른 종과 구별이 쉽다. 포란수는 120개정도이다. 두흉갑 앞쪽에 측가시가 있어 유사종인 생이와 쉽게 구별된다.

◉ 생태

서식처는 논 및 논내 수로, 물웅덩이, 저수지 및 하천의 중·하류에 수초가 많은 수심이 얕은 곳에 많이 서식하며 잡식성으로 특히 사체를 처리하는데 빠르다. 경지정리로 물웅덩이가 많이 사라져 찾아보기 쉽지 않으나, 현재는 저수지에서 낚시용 떡밥의 투입으로 개체수가 많이 증식되었다.

◉ 분포

한국, 일본, 중국

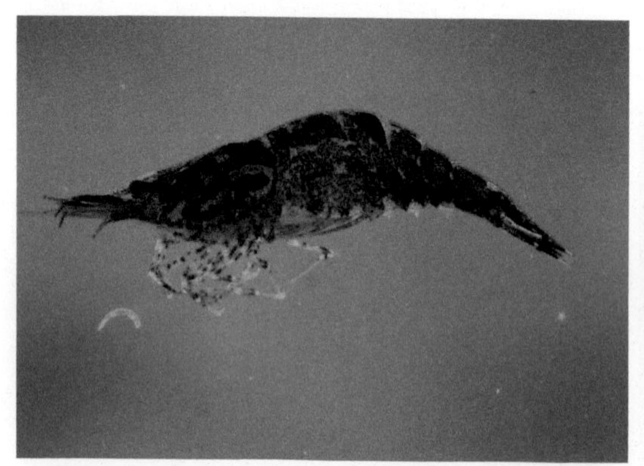

사진 35-1. 새뱅이(옆면)

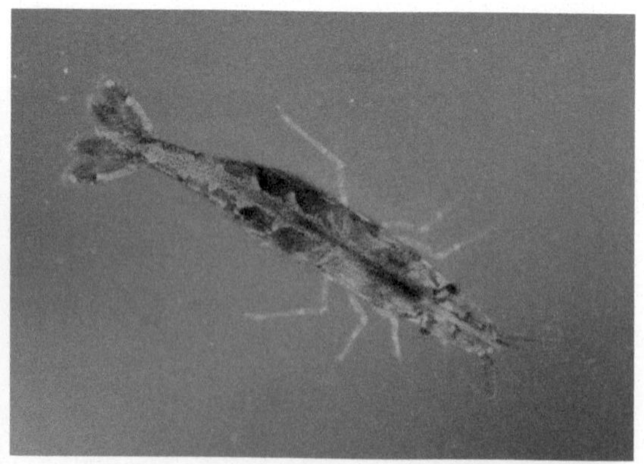

사진 35-2. 새뱅이(등면)

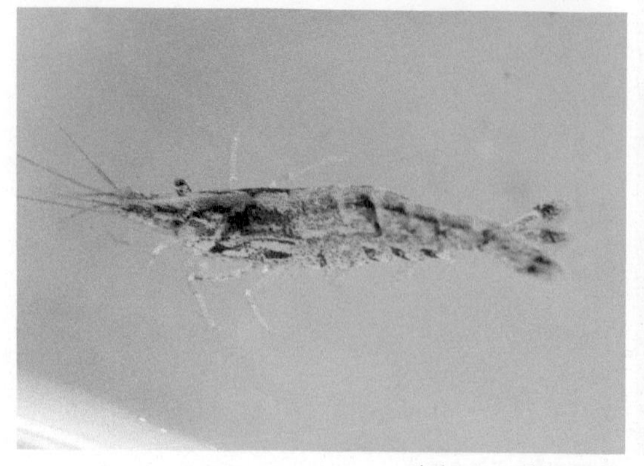

사진 35-3. 새뱅이(옆면)

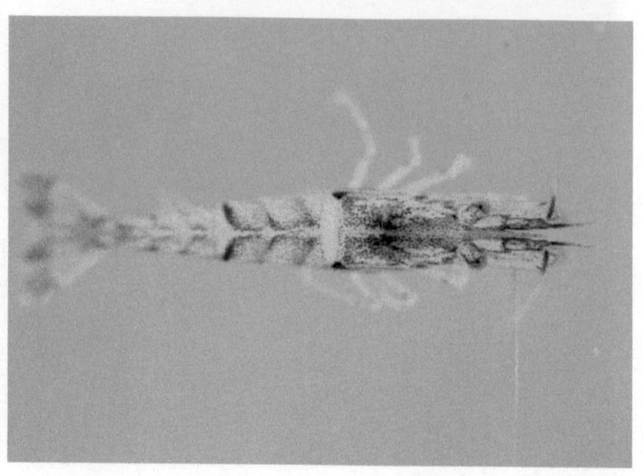

사진 35-4. 새뱅이(등면)

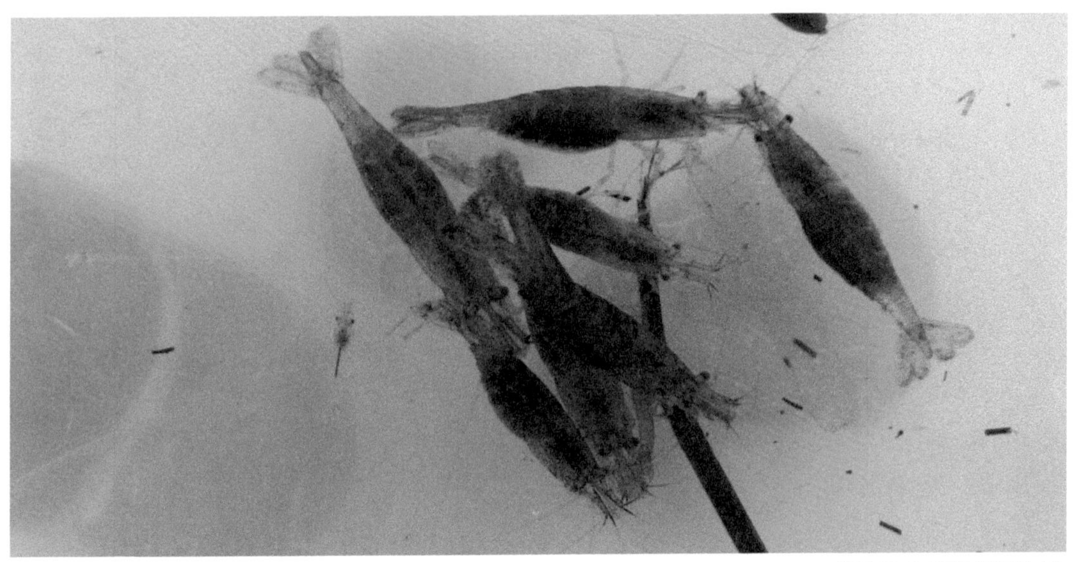

사진 35-5. 새뱅이들(포란 중)

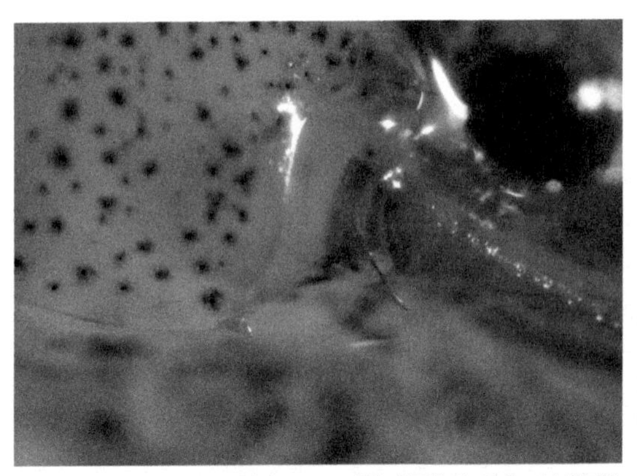

사진 35-6. 새뱅이(두흉갑 앞측 가시형태))

사진 35-7. 새뱅이 서식지(저수지 전경)

사진 35-8. 새뱅이 서식지(우포늪 전경)

36. 생이 *Paratya compressa* (De Haan)

절지동물문〉갑각강〉십각목〉새뱅이과
ARTHROPODA〉Crustacea〉Decapoda〉Atyidae

◉ 특징

성체의 크기는 20-35mm내외이고 투명하다. 앞다리 1쌍은 아주 작고 끝이 붓과 같아서 새뱅이와 구별이 된다. 그러나 생이새우와의 구별은 쉽지 않으나, 생이새우가 포란 중일 경우 구별이 쉽다. 본종은 내장선이 하나 있으나 생이새우는 내장선과 갈색의 띠무늬가 한개 더 있어 두선이 보인다. 새뱅이의 집게발 크기와 포란상태의 차이로 구별하기 쉽다.

◉ 생태

하천, 농수로, 논, 논내관개용 물웅덩이, 저수지 등의 수초에 많이 서식하였으나, 경지정리로 물웅덩이가 많이 사라져 찾아보기 쉽지 않다. 산란시기는 7-8월이며 수명은 보통 1-1.5년 정도이다. 최근 연못 및 저수지에서 낚시용 떡밥의 투입으로 개체수가 많이 증식되었다.

◉ 분포

한국, 일본

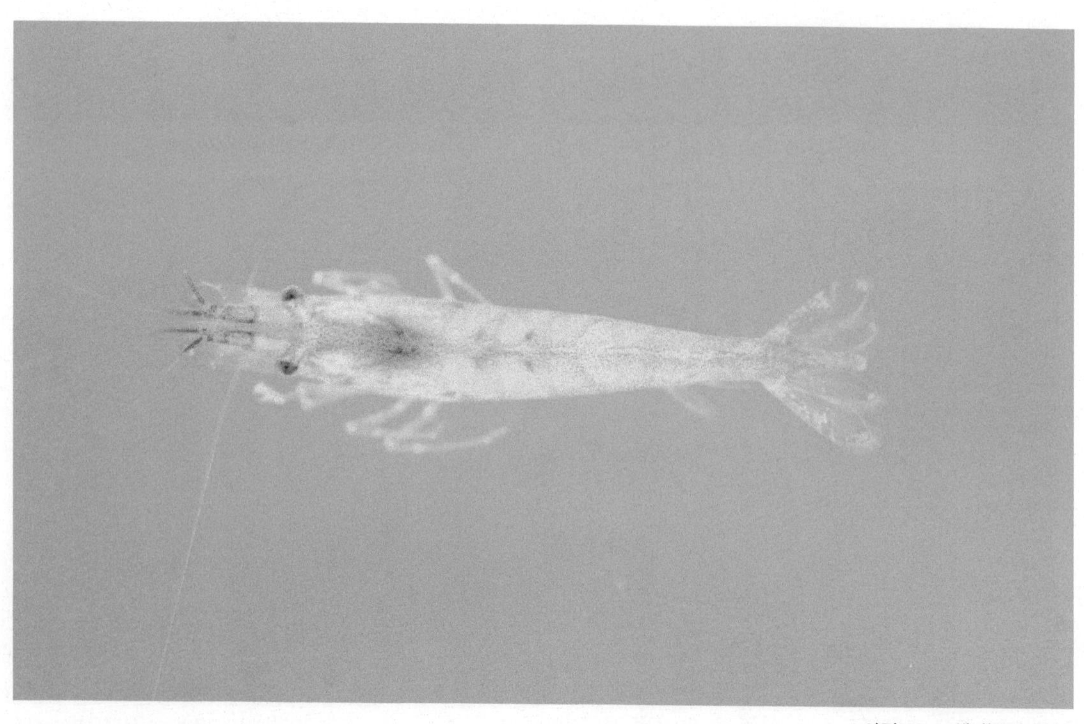

사진 36-1. 생이(등면 생태)

사진 36-2. 생이 서식지(수초가 풍성한 저수지전경)

사진 36-3. 생이 서식지(수초가 풍부한 저수지)

37. 줄새우 *Palaemon paucidens* De Haan

절지동물문〉갑각강〉십각목〉징거미새우과
ARTHROPODA〉Crustacea〉Decapoda〉Palaemonidae

◉ 특징

성체의 크기는 50mm내외이고 투명한 몸통에 흑색의 줄무늬가 있다. 크기, 체색 및 난의 크기에 변이폭이 매우 크다.

◉ 생태

전국 하천 기수지역과 상류지역, 연못, 저수지, 호수까지 서식하고 논주변의 농수로 등에서도 관찰된다. 최근 낚시터로 개방된 저수지에서 폭발적으로 개체수가 증가하고 있다.

◉ 분포

한국, 일본

사진 37-1. 줄새우(옆면)

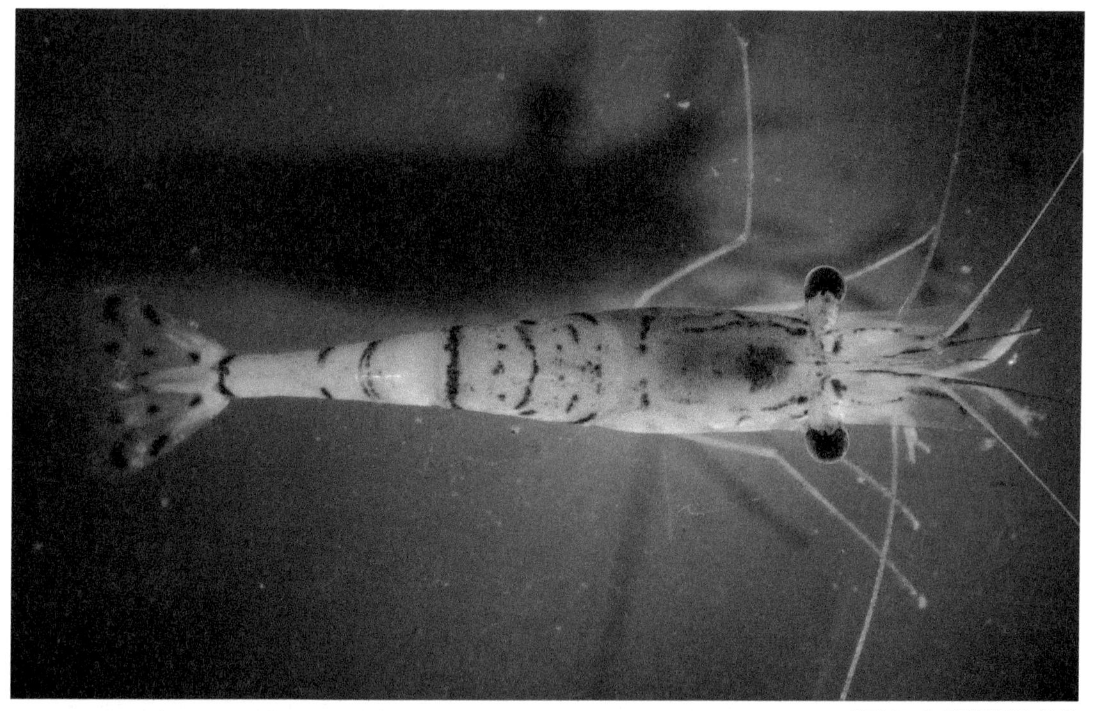

사진 37-2. 줄새우(등면 확대)

사진 37-3. 줄새우(옆면)

사진 37-4. 줄새우(등면 생태)

사진 37-5. 줄새우 서식지(곡간지역 저수지)

38. 두두럭징거미새우 *Macrobrachium equidens* (Dana)

절지동물문〉갑각강〉십각목〉징거미새우과
ARTHROPODA〉Crustacea〉Decapoda〉Palaemonidae

◉ 특징

성체의 크기는 98mm내외이고, 체색은 서식지에 따라 다소 변이가 많고 갈색바탕에 녹색과 흰색의 점무늬가 혼재한다. 다른 징거미새우에 비해 줄무늬가 뚜렷하지 않고, 가슴 등면에서 볼 때 중앙에 짙은 갈색의 굵은 줄무늬 2개가 있어 다른 징거미새우와 구별되며, 앞다리 4번째 마디 등면의 체색이 짙은 녹색이나 흑색을 띠는 다른 종과 달리 본 종은 흰색과 황색빛을 띤 밝은색을 띠고 있어 구별된다.

◉ 생태

국내 분포지역은 경남과 전라남북도이다. 어린 유생기는 해수의 영향을 받는 강하구에서 생활하고 성체가 되면 광지역성을 나타내고 담수, 기수 및 해수역에서도 생활한다. 우리나라 내장산에서 산란시기는 5-8월경이다.

◉ 분포

한국(서식지는 전남 화순군 북면 노기리 저수지 및 농수로), 일본, 중국

사진 38-1. 두두럭징거미새우(등면)

사진 38-2. 두두럭징거미새우(측면)

사진 38-3. 두두럭징거미새우(앞 측면)

사진 38-4. 두두럭징거미새우 서식지

39. 징거미새우 *Macrobrachium nipponense* (De Haan)

절지동물문〉갑각강〉십각목〉징거미새우과
ARTHROPODA〉Crustacea〉Decapoda〉Palaemonidae

◉ 특징

성체의 크기는 ♂90mm, ♀70mm내외이다. 체색은 서식지에 따라 변하고 갈색, 짙은 갈색 바탕에 녹색이나 청색을 띤다. 난생으로 7-8월에 알을 낳아 배다리에 산란 부착한다.

◉ 생태

강의 돌아래와 농수로, 저수지 등의 돌 아래나 수초에 낮에는 은신하고 주로 밤에 활동하며 서식하였으나, 경지 정리로 농수로가 건천화되면서 많이 사라졌다. 최근 저수지에서 낚시용 떡밥의 투입으로 개체수가 많이 증가하였고, 낚시꾼의 새우잡이 통발이나 낚시에 잡히기도 한다.

◉ 분포

한국, 일본, 중국

사진 39-1. 징거미새우(등면)

사진 39-2. 징거미새우 서식지(저수지)

사진 39-3. 징거미새우 서식지(하천)

40. 한국징거미새우 *Macrobrachium koreana* Kim et Han

절지동물문〉갑각강〉십각목〉징거미새우과
ARTHROPODA〉Crustacea〉Decapoda〉Palaemonidae

◉ 특징

성체의 크기는 ♂60mm, ♀50mm내외이다. 체색은 서식지에 따라 변하고, 밝은 황갈색 바탕에 꼬리등면에는 짙은 회녹색띠가 10줄 있다. 집게다리는 짙은 초록색을 띠고 가슴등판은 밝은 황갈색 바탕에 9줄의 녹갈색 종줄이 있다. 전체 체색은 초록색이나 청색을 띤다. 부속지는 10개이고 이마뿔의 윗부분 가장자리에는 10개의 이를 가진다.

◉ 생태

강이나 하천 상류지역 및 계곡의 저수지 등에서 서식한다. 다른 징거미와 달리 일생을 담수지역에서 생활하는 종이다. 번식 시기는 5-8월이고 100-200개의 알을 낳아 배다리에 부착한다. 부화유생은 성체와 형태가 거의 같은 Post-zoea 상태로 부화된다. 돌아래나 수초에 낮에는 은신하고 주로 밤에 활동하는 야행성이다.

◉ 분포

한국, 일본, 중국

사진 40-1. 한국징거미새우(성체 등면)

사진 40-2. 한국징거미새우(미성숙 개체 등면)

사진 40-3. 한국징거미새우(미성숙 개체 측면)

사진 40-4. 한국징거미새우(성체 및 미성숙 개체 등면)

사진 40-5. 한국징거미 서식지(계곡형 저수지)

41. 갈색말거머리 *Whitmania acranulata* Whitman

환형동물문〉거머리강〉턱거머리목〉거머리과
ANNELIDA〉Hirudinea〉Arhynchobdellidae〉Hirudinidae

◉ 특징

체장은 65-100mm내외이고, 수축시에는 45mm 내외이고 최대폭은 15mm내외이다. 등면은 흑갈색과 다갈색이 혼합된 무늬가 세로선으로 있으며, 복면은 화색을 띠고 양측 가장자리에 흑색을 띤 반점무늬가 있다. 머리는 가늘고 앞쪽의 흡반은 작으며 입엔 작은 턱이 있으나, 참거머리와 같이 수중동물에 붙어 흡혈하는 능력은 없거나 빈약하여 흡혈하지 못한다. 몸통 전체의 체환수는 105개이며, 외형적 특징은 등의 중앙선에서 부터 양측으로 검은 색의 마름모 꼴 무늬가 18쌍 있는 것이 특징이다.

◉ 생태

주로 논, 물웅덩이, 저수지, 하천 등에 서식하며, 전국적으로 분포하나 그 개체수는 말거머리나 녹색말거머리에 비해 드물게 눈에 띤다. 겨울에는 진흙 속에 숨어 지낸다.

◉ 분포

한국, 일본, 중국

사진 41-1. 갈색말거머리(등면)

사진 41-2. 갈색말거머리(복면)

사진 41-3. 갈색말거머리 서식지(농수로)

B. 패 류

42. 물달팽이 *Radix auricularia* (Linnaeus)

연체동물문〉복족강〉기안목〉물달팽이과
MOLLUSCA〉Gastropoda〉Basommatophora〉Lymnaeidae

◉ 특징

각고는 23mm이고, 각경은 14mm이다. 패각은 중형의 난형이며, 각구는 각고의 4/5 이상으로 크고 체층이 크고 둥글어서 각고의 거의 전부를 차지한다. 나탑은 작으며 나층은 3–4층이고, 각정은 작고 뾰족하다. 체층은 폭이 넓고 둥글며 체층 이후는 급격히 감소하여 체층이 상대적으로 비후된 모습을 보인다. 껍질은 반투명하고 얇아 잘 부서지며, 체색은 회백색 또는 회갈색, 검은색으로 서식지에 따라 다르게 보이나, 육질이 제거되면 모두 회백색의 껍질을 갖는다. 촉각은 삼각형이고 촉각 아래 눈이 있으며, 제공은 없다.

◉ 생태

하천과 논사이 물의 유입 유출이 잘되는 곳에 출현하고, 마을의 빨래터, 오수 유입지, 물의 유속이 느린 강이나 연못가 등의 수온이 높은 지역에 서식하며 오염지표종이다.

◉ 분포

한국, 중국 북부, 일본 중·남부

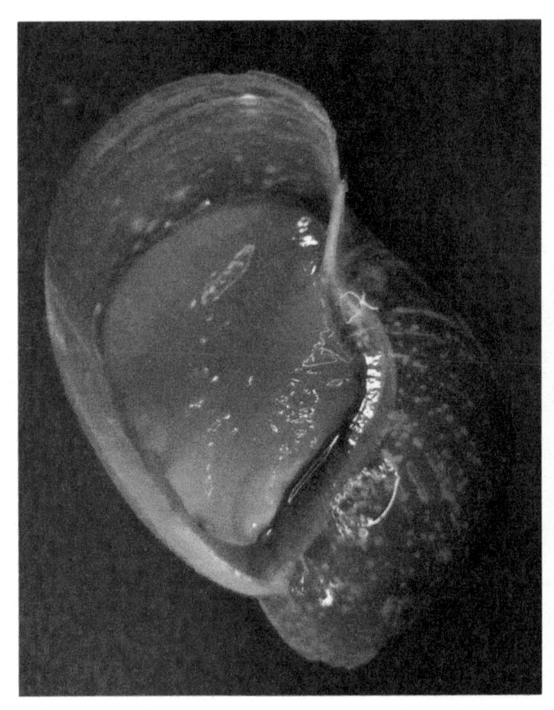

사진 42-1. 물달팽이(복면)

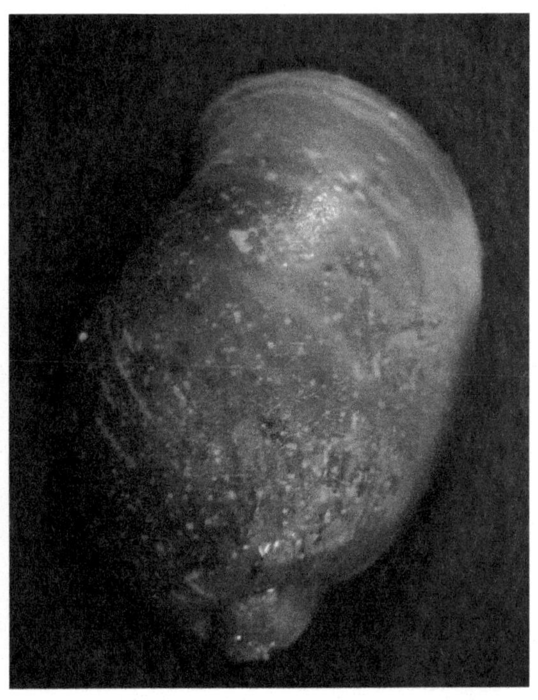

사진 42-2. 물달팽이(등면)

43. 알물달팽이 *Lymnaea palustris ovata* (Draparnaud)

연체동물문〉복족강〉기안목〉물달팽이과
MOLLUSCA〉Gastropoda〉Basommatophora〉Lymnaeidae

◉ 특징

각고는 20mm 정도이다. 패각의 외형은 물달팽이보다 폭이 좁고 긴형태이며, 소형종으로 장난형이다. 체층은 뚜렷하고 마모되지 않는다. 촉각은 물달팽이처럼 삼각형태를 하고 있다. 각피의 표면은 성장맥이 뚜렷하고 성장맥에는 긴 삼각형의 각피모가 있다.

◉ 생태

주로 수심이 깊은 저수지의 물가에 나도겨풀(*Leersia japonice* Makino)이 우점된 곳에 서식하며, 본 도감에 수록된 개체는 제주도 한경면 소재 저수지에서 채집하였다. 물달팽이처럼 뚜껑이 없고 패각은 약하고 두껍지 않으며, 난은 수초 줄기에 붙여 낳는다. 북아메리카 원산으로 전세계적으로 분포한다.

◉ 분포

한국, 일본, 중국, 유럽, 아프리카, 오스트리아

사진 43-1. 알물달팽이(등면)

사진 43-2. 알물달팽이(등면)

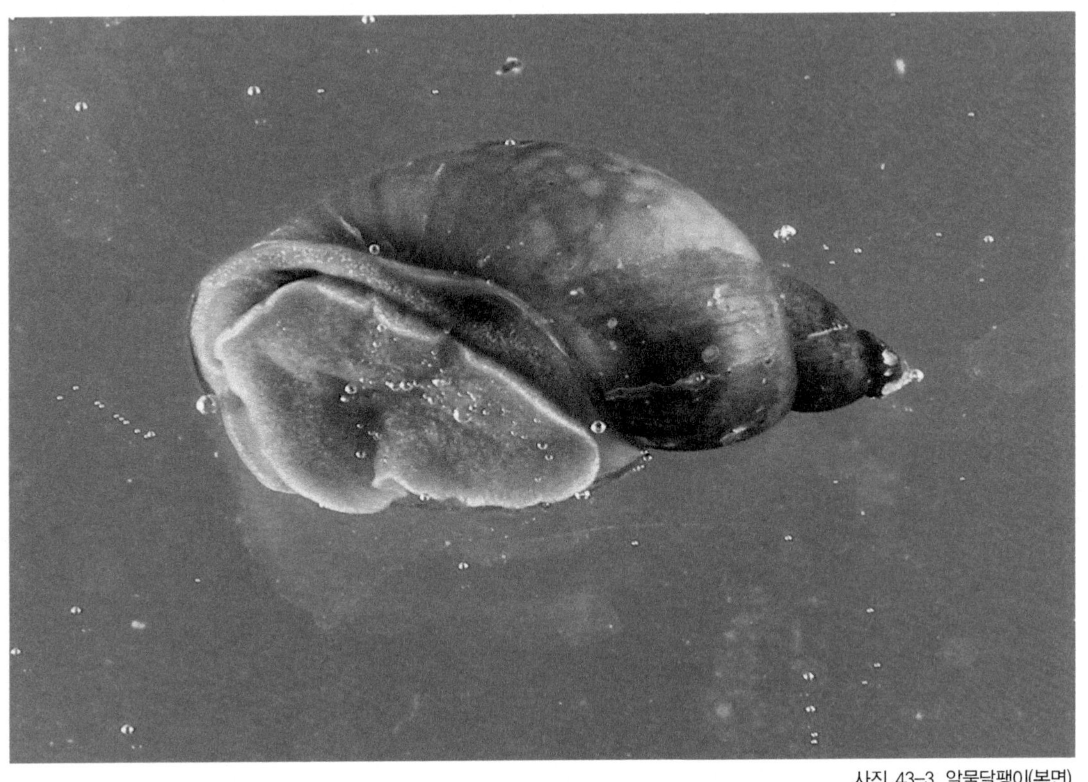

사진 43-3. 알물달팽이(복면)

44. 애기물달팽이 *Austropeplea ollula* (Gould)

연체동물문〉복족강〉기안목〉물달팽이과
MOLLUSCA〉Gastropoda〉Basommatophora〉Lymnaeidae

◉ 특징

각고는 9mm이고, 각경은 5.5mm이다. 패각은 중소형의 긴 난형이고, 나층이 4층으로 높고 각정이 뾰족하다. 체층은 커서 각고의 3/4정도이고 체층과 차체층의 폭이 점진적으로 감소하여 체층 둘레의 가장자리는 완만하게 부풀어 있다. 봉합은 깊고 각 나층은 약하게 부풀어 있고, 내순과 축순 사이의 각축이 약간 꼬여 있다. 껍질은 옅은 회갈색이다. 각구는 물달팽이보다 작고 난형에 가깝다.

◉ 생태

주로 하천과 저수지, 온수로, 물웅덩이 등 서식환경에 잘 적응하여 많은 개체수가 번식하며, 농약에도 강한 내성을 가져 논에서도 많은 개체수가 관찰된다. 주로 작은 고랑이나 강으로 흘러드는 수로에 서식한다. 지역에 따라 개체변이가 심하여 물달팽이 어린개체와 혼동되기 쉽다.

◉ 분포

한국, 중국, 대만, 일본

사진 44-1. 애기물달팽이(군생으로 서식)

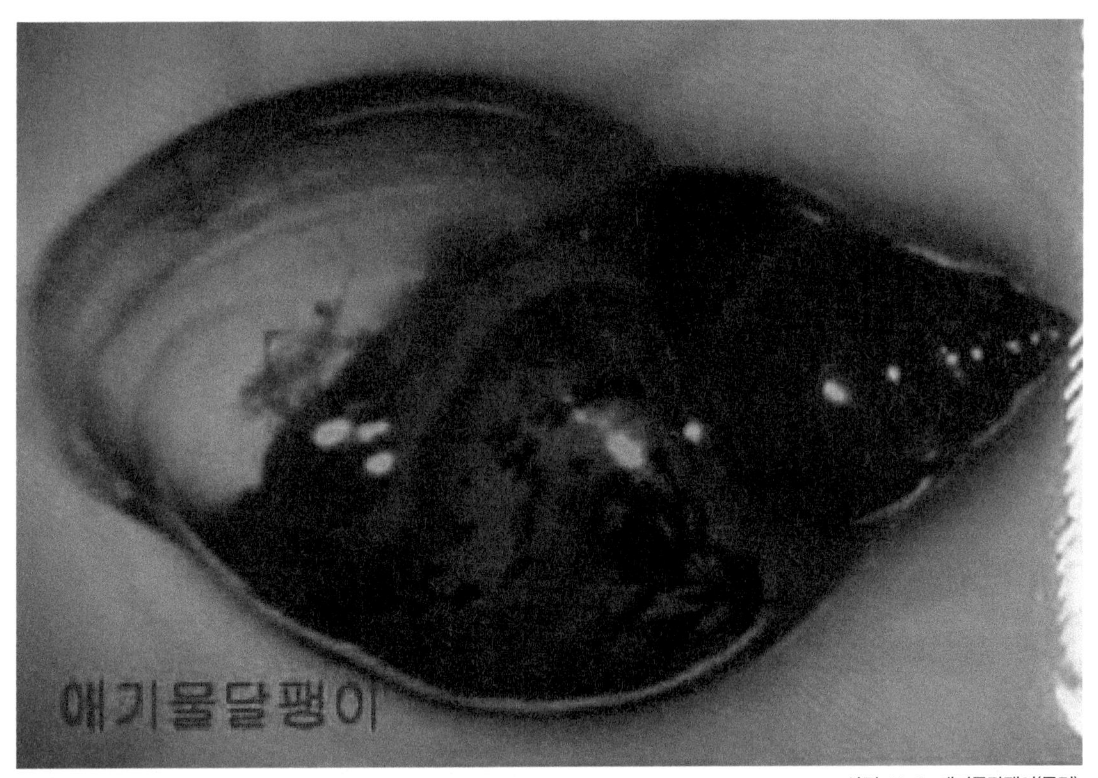

사진 44-2. 애기물달팽이(등면)

사진 44-3. 애기물달팽이(복면)

45. 긴애기물달팽이 *Fossaria truncatula* (Muller)

연체동물문〉복족강〉기안목〉물달팽이과
MOLLUSCA〉Gastropoda〉Basommatophora〉Lymnaeidae

◉ 특징

각고는 9mm이고, 각경은 5mm이다. 패각은 중소형의 원주형이고, 나층이 5층으로 높고 가늘다. 체층과 차체층과의 크기 차이가 적고 봉합이 깊어 나관이 뚜렷하다. 체층은 각고의 2/3정도로 물달팽이나 애기물달팽이보다 체층이 작다. 껍질은 옅은 황색을 띠며 광택이 없고 거칠다. 각구는 좁은 편이며 제공이 없다. 본 종은 각고의 윤기가 흐려서 애기물당팽이와 구별된다.

◉ 생태

애기물달팽이와 마찬가지로 농약에 강한 내성을 보이며, 논과 같은 서식환경에 잘 적응되어 있다. 주로 마을의 오수 유입지, 강, 저수지 등의 유속이 느린 곳에 서식하고, 특히 농약이 과다하게 투입되어 천적이 적은 논에 많이 서식하기 때문에 농약 과다 투입의 지표종으로 이용할 수 있다. 현재 논에는 애기물달팽이, 긴애기물달팽이, 왼돌이물달팽이 등이 주로 관찰되고 물달팽이는 적은 개체수가 관찰된다.

◉ 분포

한국, 중국, 일본

사진 45-1. 긴애기물달팽이(복면, 껍데기)

사진 45-2. 긴애기물달팽이(복면, 실물)

사진 45-3. 긴애기물달팽이(등면, 표본)

46. 왼돌이물달팽이 *Physella acuta* (Draparnaud)

연체동물문〉복족강〉기안목〉왼돌이물달팽이과
MOLLUSCA〉Gastropoda〉Basommatophora〉Physidae

◉ 특징

각고는 12mm이고, 각경은 7mm이다. 패각은 중소형의 난형으로 좌선형이며, 나층은 4층이고, 체층은 커서 각고의 4/5정도가 된다. 껍질은 광택이 있는 옅은 갈색 또는 적갈색이다. 각구는 좁고 긴 난형이며, 흰색의 활층이 발달하고 각축이 꼬여져 있으며 축순이 발달하여 있고 제공은 없다.

◉ 생태

주로 논이나 농수로, 강가, 호숫가 등에 서식하며 오염된 하천이나 소규모 도시의 하천 등과 같이 심하게 오염된 곳에도 서식하는 수질지표종이다. 담수패류 중에서 가장 심하게 오염된 곳에 서식하는 종이다.

◉ 분포

한국, 일본

사진 46-1. 왼돌이물달팽이(짝짓기)

사진 46-2. 왼돌이물달팽이(등면)

사진 46-3. 왼돌이물달팽이(복면)

47. 또아리물달팽이 *Gyraulus chinensis* (Dunker)

연체동물문〉복족강〉기안목〉또아리물달팽이과
MOLLUSCA〉Gastropoda〉Basommatophora〉Planorbidae

◉ 특징

각고는 1mm이고, 각경은 3mm이다. 패각은 원반형의 소형종으로 또아리물달팽이과에서는 가장 소형이다. 각정과 제공이 상·하 모두 들어가고 나층은 3층으로 또아리 모양으로 감겨있고 제공은 각경의 1/2정도를 차지한다. 체층은 주부가 둥글며, 껍질은 평평한 원반형이고 반투명한 회백색이다. 나탑은 넓고 얕으며, 패각은 기저부가 평평하고 광택이 나지 않거나 약간 난다. 수정또아리물달팽이, 배꼽또아리물달팽이는 광택이 난다.

◉ 생태

주로 논이나 농수로, 강가, 호숫가 등에 서식한다.

◉ 분포

한국, 일본

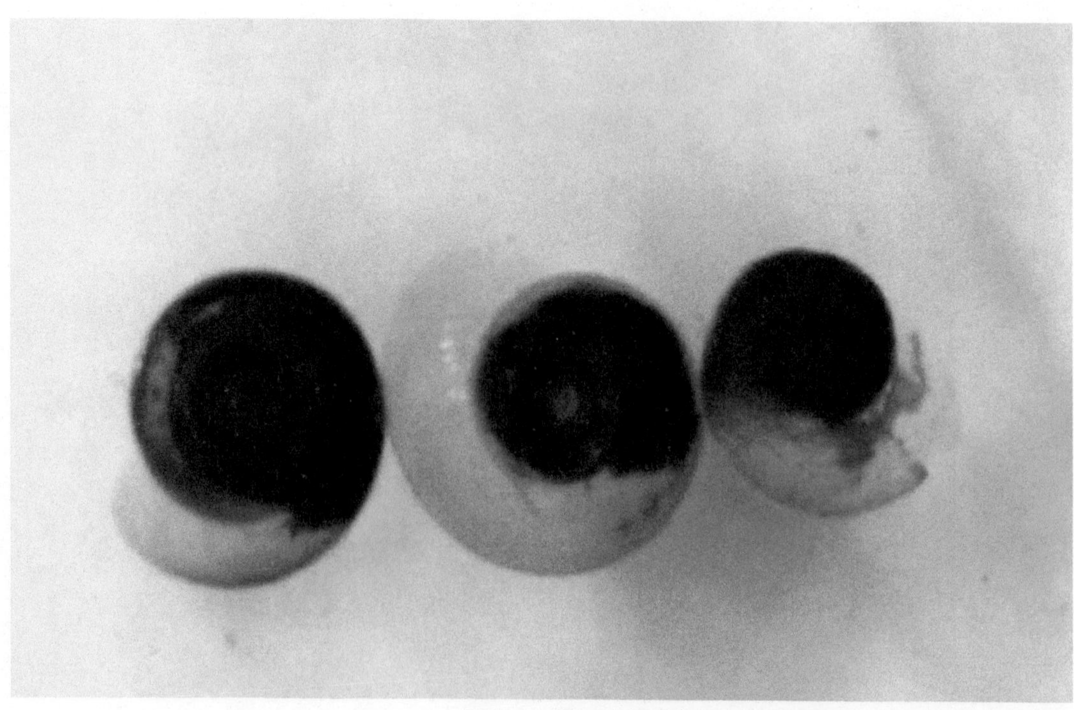

사진 47-1. 배꼽또아리물달팽이, 수정또아리물달팽이, 또아리물달팽이(좌측부터)

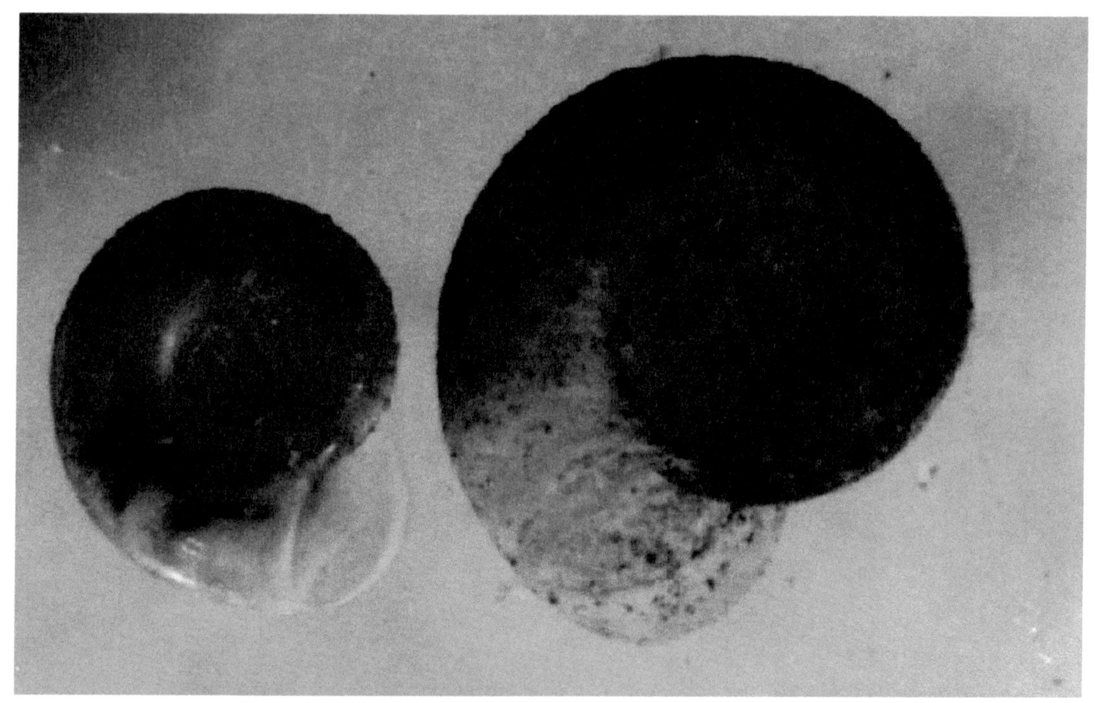

사진 47-2. 또아리물달팽이(등면)

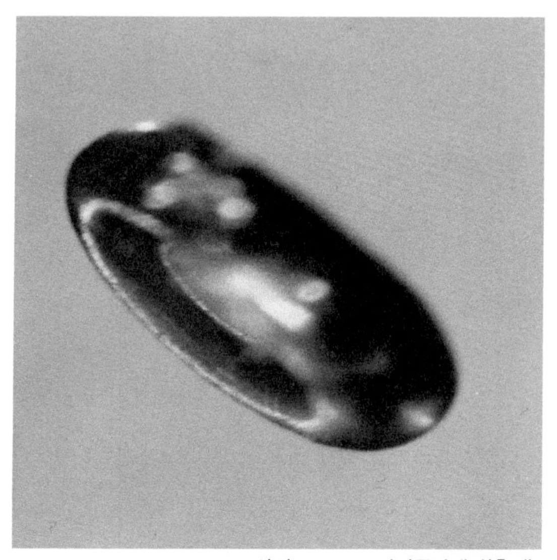

사진 47-3. 또아리물달팽이(측면)

사진 47-4. 또아리물달팽이(복면)

48. 수정또아리물달팽이 *Hippeutis cantori* (Benson)

연체동물문〉복족강〉기안목〉또아리물달팽이과
MOLLUSCA〉Gastropoda〉Basommatophora〉Planorbidae

◉ 특징

각고는 2mm이고, 각경은 10mm이다. 패각은 원반형의 소형이나 또아리물달팽이과에서는 가장 대형이다. 나층은 4층이고 제공은 각경의 1/3정도를 차지한다. 체층은 주연에 예리한 각이 있고 껍질의 아래쪽은 평평하나 위쪽은 둥글고 아래쪽으로 제공이 들어가고, 체색은 황백색이며 반투명하고 광택이 난다. 패각의 기저부가 둥글고 볼록하며 나탑은 다소 좁거나 깊다. 패각은 광택이 뚜렷하여 또아리물달팽이와 구별된다.

◉ 생태

논이나 농수로, 강가, 호숫가 등에 서식한다. 부영양화된 논에 많이 서식하며, 이때 체색은 황백색에서 짙은 검붉은 색을 띠는 수질지표종이다.

◉ 분포

한국, 일본

사진 48-1. 수정또아리물달팽이(짝짓기)

사진 48-2. 수정또아리물달팽이(살아있는 형태)

사진 48-3. 수정또아리물달팽이(복면)

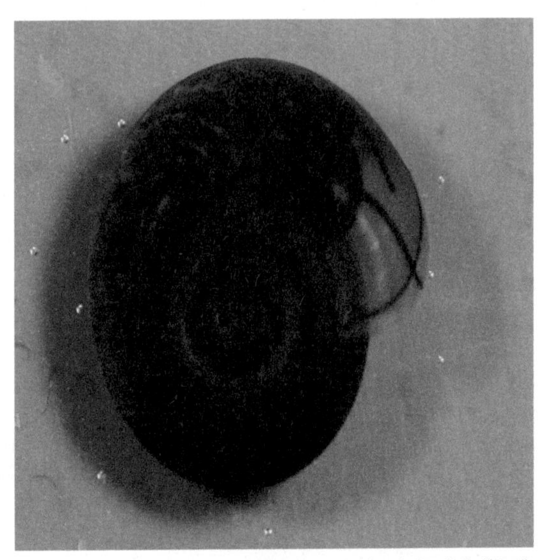

사진 48-4. 수정또아리물달팽이(등면)

49. 배꼽또아리물달팽이 *Polypylis hemisphaerula* (Benson)

연체동물문〉복족강〉기안목〉또아리물달팽이과
MOLLUSCA〉Gastropoda〉Basommatophora〉Planorbidae

◉ 특징

각고는 3mm이고, 각경은 5.5mm이다. 패각은 원반형의 소형종으로 또아리물달팽이과에서는 각고가 가장 높고 밑면이 적다. 나층은 3층이며 제공은 각경의 1/5정도를 차지하고 제공의 모양이 배꼽과 같이 들어가 있어서 배꼽또아리로 이름이 붙여졌다. 체층은 둥글고 각구는 초생달 모양이다. 패각의 기저부가 둥글고 볼록하며 나탑은 다소 좁거나 깊고, 패각은 광택이 뚜렷하여 또아리물달팽이와 구별된다.

◉ 생태

논이나 농수로, 강가, 호숫가 등에 서식한다. 오염수나 유기물이 많은 논에 수정또아리물달팽이가 많은 반면, 또아리물달팽이나 배꼽또아리물달팽이는 관행농업이나 시비나 농약을 사용하지 않고 관정수를 사용하는 논에 많이 서식한다.

◉ 분포

한국, 일본

사진 49-1. 배꼽또아리물달팽이(등면)

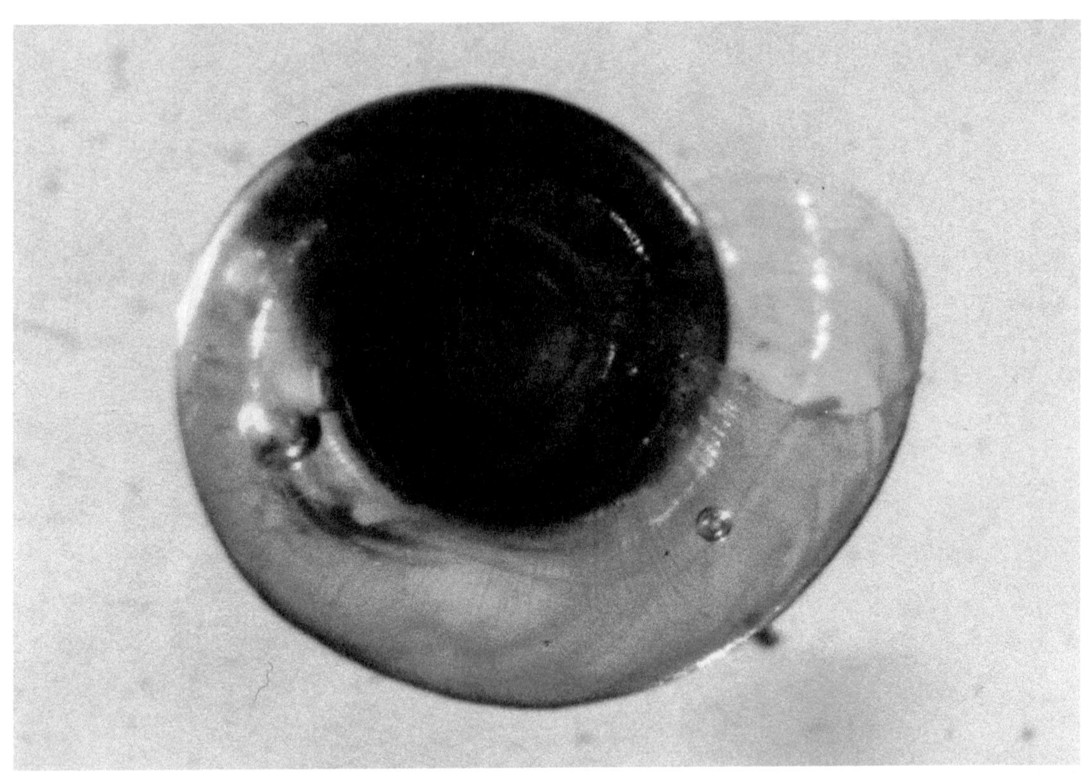

사진 49-2. 배꼽또아리물달팽이(복면)

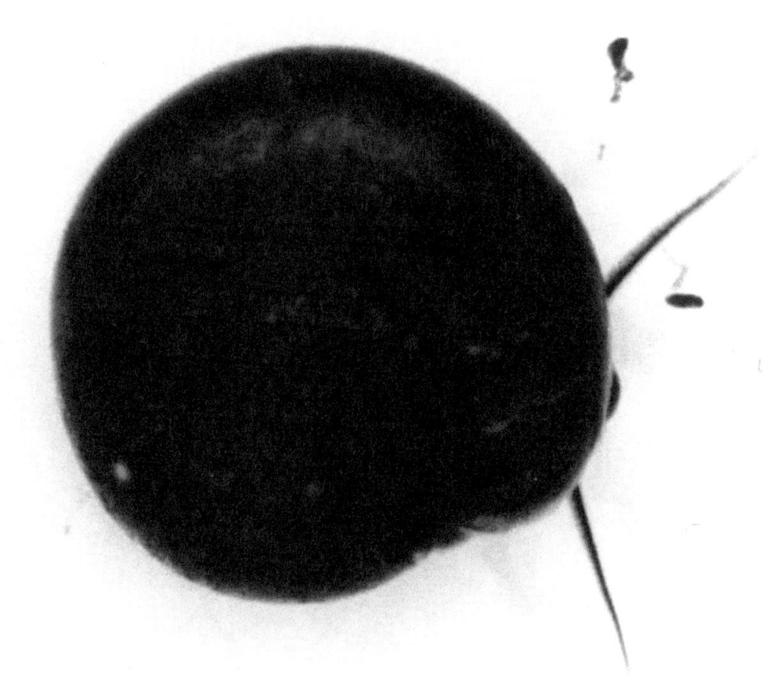

사진 49-3. 배꼽또아리물달팽이(살아있는 형태)

50. 뾰족쨈물우렁이 *Oxyloma hirasei* (Pilsbry)

연체동물문〉복족강〉병안목〉쨈물우렁이과
MOLLUSCA〉Gastropoda〉Stylommatophora〉Succineidae

◉ 특징

각고는 13mm이고, 각경은 7mm이다. 껍질의 체색은 황갈색이고 반투명하며 광택이 있다. 나층은 3층이고 성장맥은 희미하고 각고의 대부분이 체층이고 차체층과 태각은 작다. 각구는 크고 각고의 3/4이상을 차지하며 긴타원형으로 좁고 길며 활층이 있다.

◉ 생태

논수변, 하천, 저수지 및 물웅덩이 등의 진흙이 있는 습한 장소에 서식한다. 전국의 논에서 관찰된다.

◉ 분포

한국, 일본, 중국

사진 50-1. 뾰족쨈물우렁이(살아있는 생태)

사진 50-2. 뾰족쨈물우렁이(상:복면, 하:등면)

사진 50-3. 뾰족쨈물우렁이(복면)

51. 참뾰족쨈물우렁이 *Neosuccinea horticola koreana* (Pilsbry)

연체동물문〉복족강〉병안목〉쨈물우렁이과
MOLLUSCA〉Gastropoda〉Stylommatophora〉Succineidae

◉ 특징
각고는 13mm이고, 각경은 6mm이다. 껍질의 체색은 황갈색이고 광택이 있다. 나층은 3층이고 껍질은 매우 얇고 성장맥은 약하고 봉합선은 깊으나, 체폭이 넓어 체층 자체는 둥글지않다. 체층은 커서 각고의 4/5를 차지하지만 각구의 길이는 뾰족쨈물우렁이보다 훨씬 작고 애기물달팽이 형태에 가깝다.

◉ 생태
논수변, 하천, 저수지 및 물웅덩이 등의 진흙이 있는 습한 장소 중 수초가 많은 곳에 서식한다. 전국의 논에서 관찰된다.

◉ 분포
한국, 일본

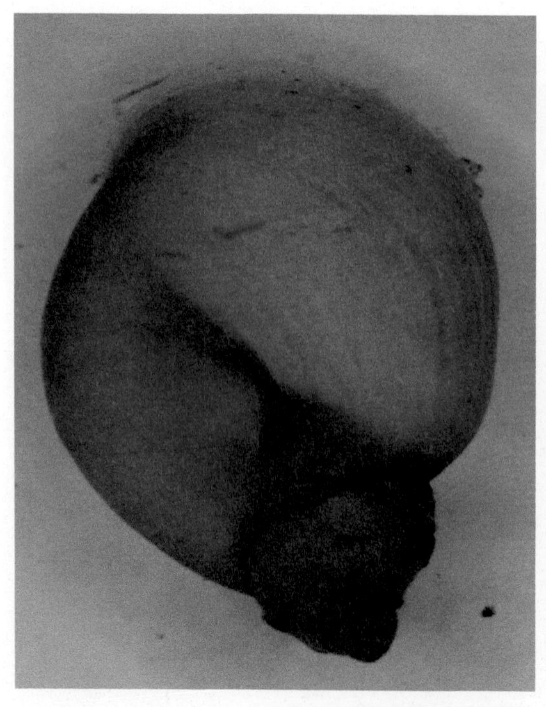

사진 51-1. 참뾰족쨈물우렁이(등면)

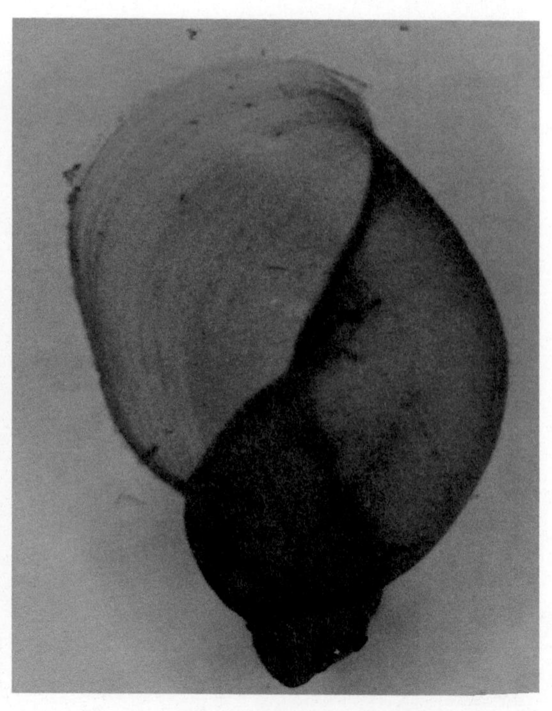

사진 51-2. 참뾰족쨈물우렁이(복면)

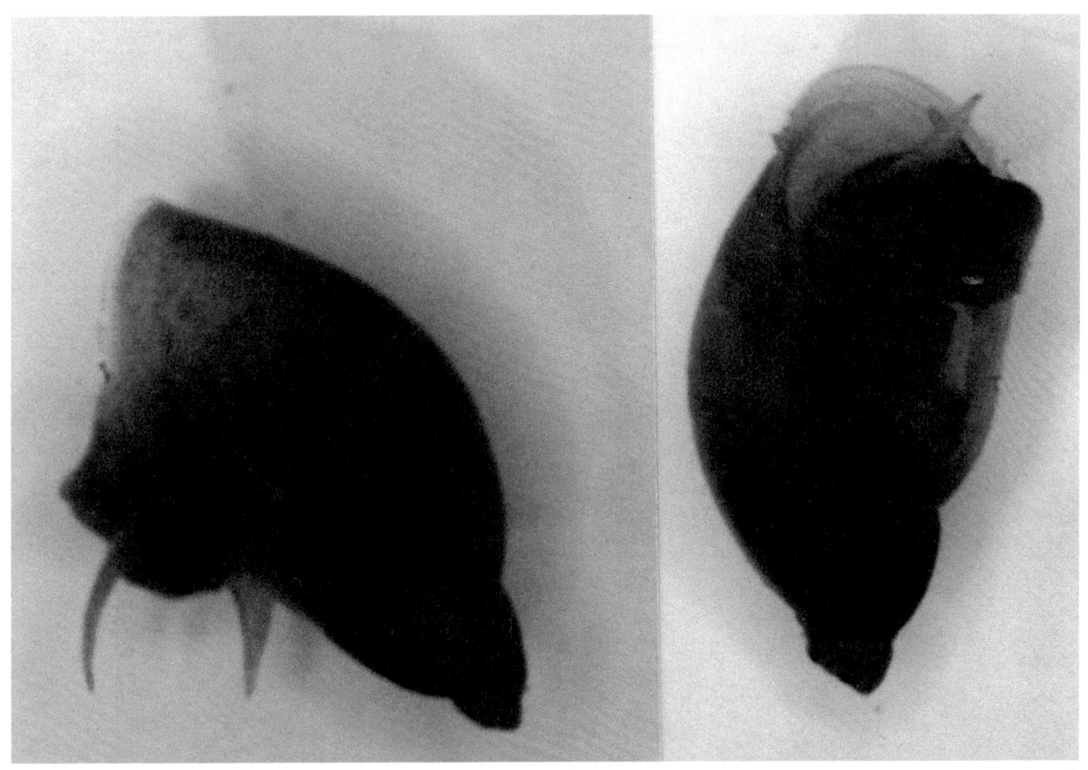

사진 51-3. 참뾰족쨈물우렁이(좌:등면, 우:복면)

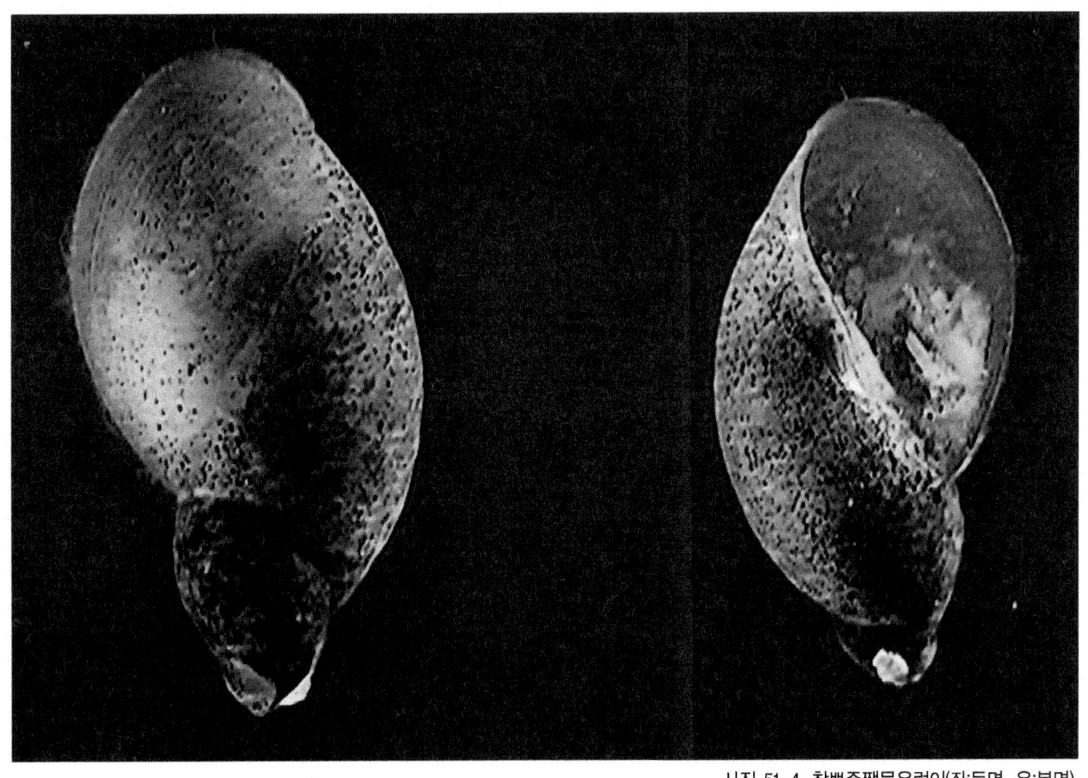

사진 51-4. 참뾰족쨈물우렁이(좌:등면, 우:복면)

52. 쇠우렁이 *Parafossarulus manchouricus* (Bourguignat)

연체동물문〉복족강〉중복족목〉쇠우렁이과
MOLLUSCA〉Gastropoda〉Mesogastropoda〉Bithyniidae

◉ 특징

각고는 12.5mm이고, 각경은 7mm이다. 패각은 소형이며 원추형으로 단단하다. 나층은 3-4층으로 높은편이며, 각피는 회백색 또는 황갈색으로 각질이 두껍고 거칠다. 체층과 차체층에 2-3개의 나륵이 있는 개체도 있다. 순연에 진한 갈색의 각피가 둘러져 있으며 외순끝이 체층을 향해 솟아있다. 내순 부분에 활층이 형성되어 있고, 활층이 발달한 개체는 좁은 제공을 형성한다. 본종은 체층 등면에 알파벳 브이자가 뒤집어져 기운듯한 형태(Λ)의 갈색 또는 흰색의 무늬가 있지만, 작은 쇠우렁이는 점상의 무늬만 있다.

◉ 생태

전국의 하천과 호수, 특히 낙동강 유역에 많이 서식한다. 금강 상류에서도 많이 서식하며 다슬기 유패와 구별하기 어려워 다슬기로 혼동되기도 이다.

◉ 분포

한국, 일본

사진 52-1. 쇠우렁이(복면)

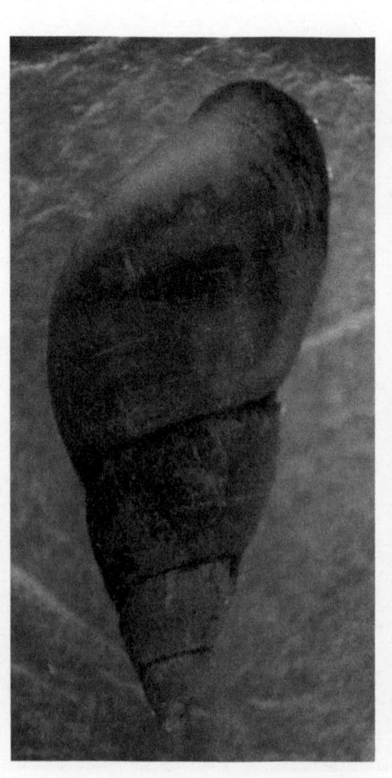

사진 52-2. 쇠우렁이(등면)

사진 52-3. 쇠우렁이(각구)

사진 52-4. 쇠우렁이(복면)

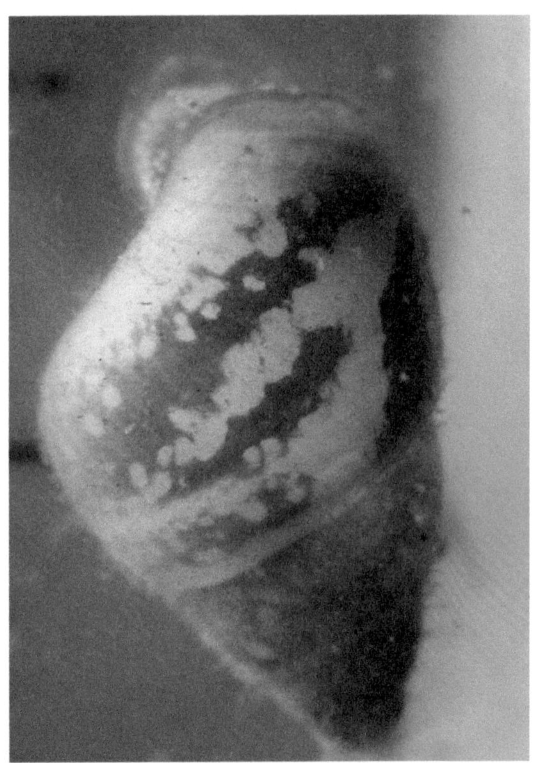

사진 52-5. 쇠우렁이(등면)

사진 52-6. 쇠우렁이(좌:복면, 우:등면)

사진 52-7. 쇠우렁이 서식지(전경)

53. 작은쇠우렁이 *Gabbia kiusiuensis* (S.Hirase)

연체동물문〉복족강〉중복족목〉쇠우렁이과
MOLLUSCA〉Gastropoda〉Mesogastropoda〉Bithyniidae

◉ 특징

각고는 6mm정도이다. 각피는 황갈색이며 연체부는 적색의 작은 반점이 흩어져있어 아름답고 촉각은 길다.

◉ 생태

주요 서식지는 논이지만, 습윤한 지역 어디에서나 서식하고 논에 물이 없어도 어느정도 습기가 있으면 활동한다. 하지만 가을갈이를 하고 건조시키면 사라진다. 심하게 부영양화된 논에는 거의 서식하지 않는 수질지표종이다.

◉ 분포

한국, 일본(절멸위기Ⅱ급종)

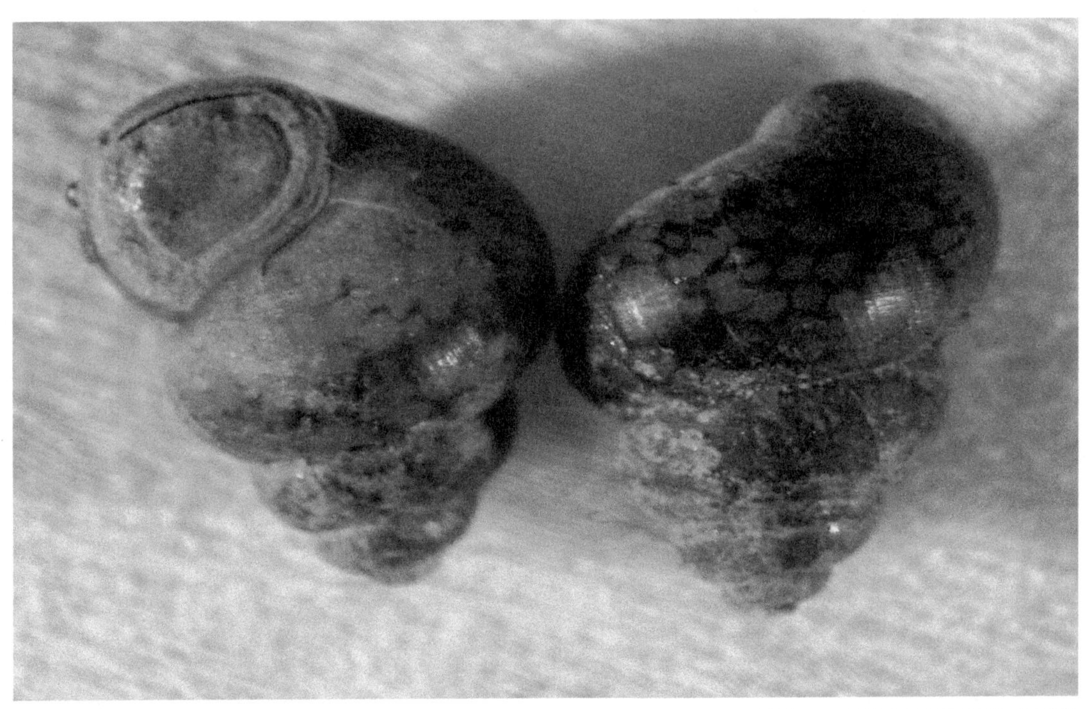

사진 53-1. 작은쇠우렁이(좌:복면, 우:등면)

사진 53-2. 작은쇠우렁이(등면)

사진 53-3. 작은쇠우렁이(좌:등면, 우:복면)

사진 53-4. 작은쇠우렁이 서식지(농수로 및 담수휴경논)

54. 염주쇠우렁이 *Gabbia misella* (Gredler)

연체동물문〉복족강〉중복족목〉쇠우렁이과
MOLLUSCA〉Gastropoda〉Mesogastropoda〉Bithyniidae

◉ 특징

각고는 9mm, 각경 7mm정도이다. 나층은 3층이며, 각피는 주로 회백을 띠나 성패가 되면 황갈색을 띠고 매끈하며 광택이 강하다. 각구는 난형이고 성패가 되면 두꺼운 편이며, 나층은 쇠우렁이보다 낮고 전체적으로 쇠우렁이보다 작은 편이다.

◉ 생태

강에 보를 막아 관개하는 농수로에서도 서식하나, 주로 강이나 하천 및 깨끗한 호수에 서식한다.

◉ 분포

한국, 일본

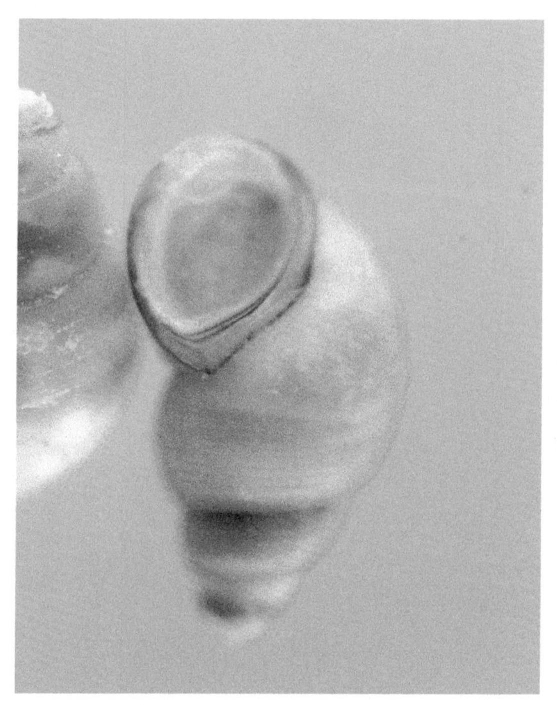

사진 54-1. 염주쇠우렁이(복면)

사진 54-2. 염주쇠우렁이(등면)

사진 54-3. 염주쇠우렁이(상:복면, 하:등면)

사진 54-4. 염주쇠우렁이 서식지

55 큰논우렁이 *Cipangopaludina Japonica* (v.Martens)

연체동물문〉복족강〉중복족목〉논우렁이과
MOLLUSCA〉Gastropoda〉Mesogastropoda〉Viviparidae

◉ 특징

각고는 48mm이고, 각경은 25mm이다. 패각은 대형종으로 70mm이상인 것도 있다. 주연에 강한각이 있으며, 엷은 황록색을 띤다. 각나층에 두개의 나륵이 존재하며, 5층의 나층은 봉합이 깊지 않아 난관이 논우렁이처럼 뚜렷하지 못하고 차체층이 큰것도 특징이다. 각구는 난형으로 뚜껑의 우측 1/4지점이 약간 들어가 각이져 뚜껑의 테두리가 사선과 일직선이 되지 않는다. 반면 사선과 일직선이 되는 것이 논우렁이 이다. 유패는 체층 주연을 따라 털과 같은 각질돌기가 있다. 암컷의 촉수는 직선상이고, 수컷의 오른쪽 촉수는 둥글게 말려져 있어 촉수의 형태로 암·수를 구별할 수 있다.

◉ 생태

성체는 주로 수심이 깊은 하천 및 저수지등의 차고 맑은 물에 서식한다. 논보다는 남부지방의 계곡형 저수지 등에서 쉽게 관찰된다.

◉ 분포

한국, 일본

사진 55-1. 큰논우렁이(좌:뚜껑, 우:큰논우렁이 패)

사진 55-2. 큰논우렁이(복면)

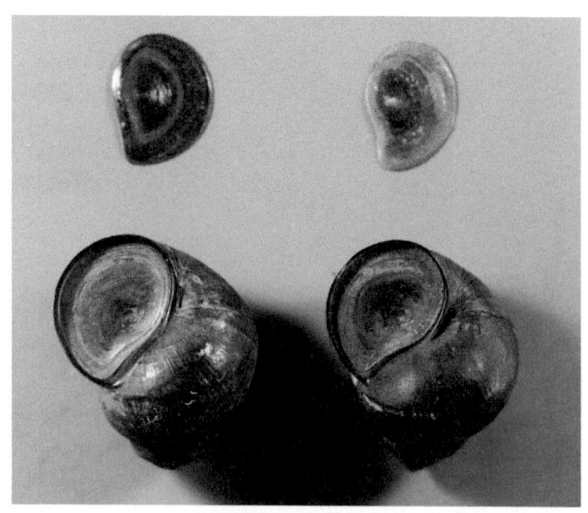
사진 55-3. 둥근논우렁이(좌)와 긴논우렁이(우)의 복면 및 뚜껑 비교

사진 55-4. 큰논우렁이(등면)

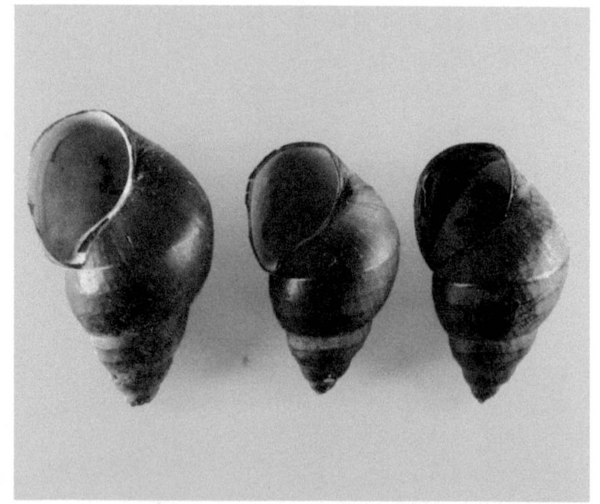
사진 55-5. 큰 논우렁이(복면)

사진 55-6. 큰논우렁이 서식지(경남 함안군 여항면 내곡리6)

56. 긴논우렁이 *Cipangopaludina chinensis* (Gray)

연체동물문〉복족강〉중복족목〉논우렁이과
MOLLUSCA〉Gastropoda〉Mesogastropoda〉Viviparidae

◉ 특징

각고는 54mm이고, 각경은 35mm이다. 패각은 대형종이고, 봉합은 깊고 나층은 둥근편이며 패의 표면에는 가는 털이 밀생하나, 성장하여 마모되면 점각열 형태의 모열이 둥글게 남아있다. 각피는 녹갈색부터 흑갈색을 띠는 것이 있고, 성패의 입구 둘레는 흑록색을 띤다. 건조에 잘 견디는 종으로 태아는 각경 6-9mm이고, 태아수는 30-40개 정도이다.

◉ 생태

성체는 주로 물이 존재하는 펄이 있는 하천, 저수지 및 물웅덩이 등에 서식한다. 논은 경지정리 등으로 건답화가 진행되어 왔기 때문에 현재는 논보다는 남부지방의 계곡형 저수지등의 연중 물이 있는 곳에서만 볼 수 있다.

◉ 분포

한국, 일본

사진 56-1. 긴논우렁이(좌:큰논우렁이패, 우:뚜껑)

사진 56-2. 긴논우렁이(복면)

사진 56-3. 둥근논우렁이(복면)비교

사진 56-4. 긴논우렁이(복면)

사진 56-5. 긴논우렁이 서식지(전남 화순군 북면 노기리)

57. 둥근논우렁이 *Cipangopaludina chinensis laeta* (v.Martens)

연체동물문〉복족강〉중복족목〉논우렁이과
MOLLUSCA〉Gastropoda〉Mesogastropoda〉Viviparidae

◉ 특징

각고는 48mm이고, 각경은 34mm이다. 패각은 대형종이고, 봉합은 깊고 나층은 둥근편이며 패의 표면에는 가는 털이 밀생하나, 성장하여 마모되면 점각열 형태의 모열이 둥글게 남아있고, 각피는 녹갈색부터 흑갈색을 띠는 것이 있고, 성패의 입구 둘레는 흑녹색을 띤다. 태아는 각경 6-9mm이고, 태아수는 30-40개 정도이다.

◉ 생태

성체는 주로 수심이 있고 펄이 있는 하천, 저수지 및 물웅덩이 등에 서식한다. 경지정리 등으로 건답화가 진행되어 왔기 때문에 현재는 남부지방의 계곡형 저수지등의 연중 물이 있는 저수지 등에서만 볼 수 있다.

◉ 분포

한국, 일본

사진 57-1. 둥근논우렁이(좌:복면, 우:등면)

사진 57-2. 둥근논우렁이 유패(등면)

사진 57-3. 둥근논우렁이(좌) 및 긴논우렁이(우) 비교 뚜껑(상)

사진 57-4. 둥근논우렁이 주요서식지(둠벙)

사진 57-5. 둥근논우렁이, 큰논우렁이, 긴논우렁이 패 복면 및 뚜껑 형태 비교(좌부터)

사진 57-6. 둥근논우렁이 주요서식지(논 및 농수로)

58. 논우렁이 *Cipangopaludina chinensis malleata* (Reeve)

연체동물문〉복족강〉중복족목〉논우렁이과
MOLLUSCA〉Gastropoda〉Mesogastropoda〉Viviparidae

◉ 특징

각고는 58mm이고, 각경은 29mm이다. 패각은 중대형종으로 긴원추형이고, 나층은 4-5층이며 봉합이 깊어 나관이 뚜렷하고 각 나층이 둥글다. 각구는 난형이며 순연은 얇다. 체층은 각고의 4/5이며 유패는 체층 주연을 따라 털과 같은 각질 돌기가 나타난다. 암컷의 촉수는 직선상이고, 수컷의 오른쪽 촉수는 둥글게 말려져 있어 촉수의 형태로 암·수를 구별할 수 있다.

◉ 생태

성체는 주로 수심이 있고 펄이 있는 하천, 저수지, 물웅덩이 등에 서식한다. 논에서는 일년이상 성장한 것과 이앙 후 수로를 따라 산란하기 위해 논으로 기어오르는 성체들이 있다. 자웅이체로 체내수정을 하며, 난대생이고 암컷의 40-100여개의 유패를 가진다.

◉ 분포

한국, 일본

사진 58-1. 논우렁이(복면)

사진 58-2. 논우렁이(복면)

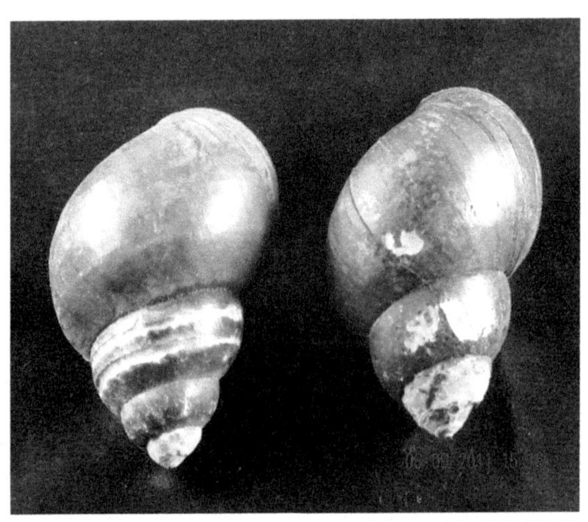

사진 58-3. 논우렁이(등면)

사진 58-4. 큰논우렁이, 긴논우렁이(상), 왕우렁이(하), 논우렁이, 둥근논우렁이패 형태 비교(좌부터)

사진 58-5. 논우렁이 서식지(고흥군 지역 저수지)

59. 강우렁이 *Sinotaia quadrata* (Benson)

연체동물문〉복족강〉중복족목〉논우렁이과
MOLLUSCA〉Gastropoda〉Mesogastropoda〉Viviparidae

◉ 특징

각고는 30-40mm이고, 자웅이체로 난태생이다. 나층은 4-5층이고, 체색은 적갈색이며, 껍질은 얇고 강하다.

◉ 생태

부영양화가 심한 오염된 물에서 주로 서식하고, 논 및 농수로에서 많이 관찰된다.

◉ 분포

한국, 일본

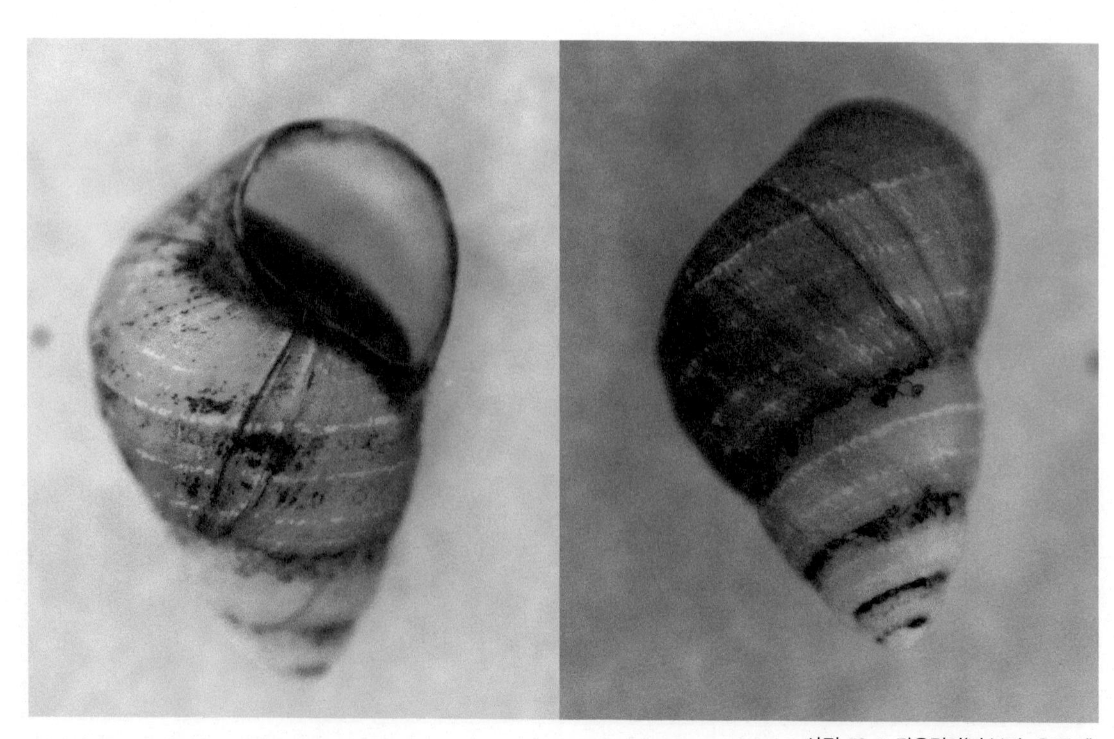

사진 59-1. 강우렁이(좌:복면, 우:등면)

60. 왕우렁이 *Pomacea canaliculata* (Lamarck)

연체동물문〉복족강〉중복족목〉사과우렁이과
MOLLUSCA〉Gastropoda〉Mesogastropoda〉Ampullariidae

◉ 특징

각고는 60-80mm이고, 각경은 40-60mm이다. 껍질은 황갈색 바탕에 짙은 갈색띠가 나선을 따라 불규칙하게 있다. 나탑은 논우렁이보다 현저히 낮고, 각구는 긴타원형으로 논우렁이보다 현저히 크다.

◉ 생태

달팽이와 같이 난으로 산란하며 물 밖에 난괴로 부착하여 산란한다. 국내에서는 남부지방의 해안가에서 월동이 가능한 내성을 가졌고 내륙에선 월동이 어렵다. 원산지는 중남미로 국내에는 식용으로 들어왔으나 전국적으로 왕우렁이 농법에 활용되고 있다. 만경강 하류 낙엽 밑에서 성패가 월동하고, 부산 기장군에서는 유패 형태로 월동하는 것을 확인하였다.

◉ 분포

한국, 일본, 타이완, 중남미

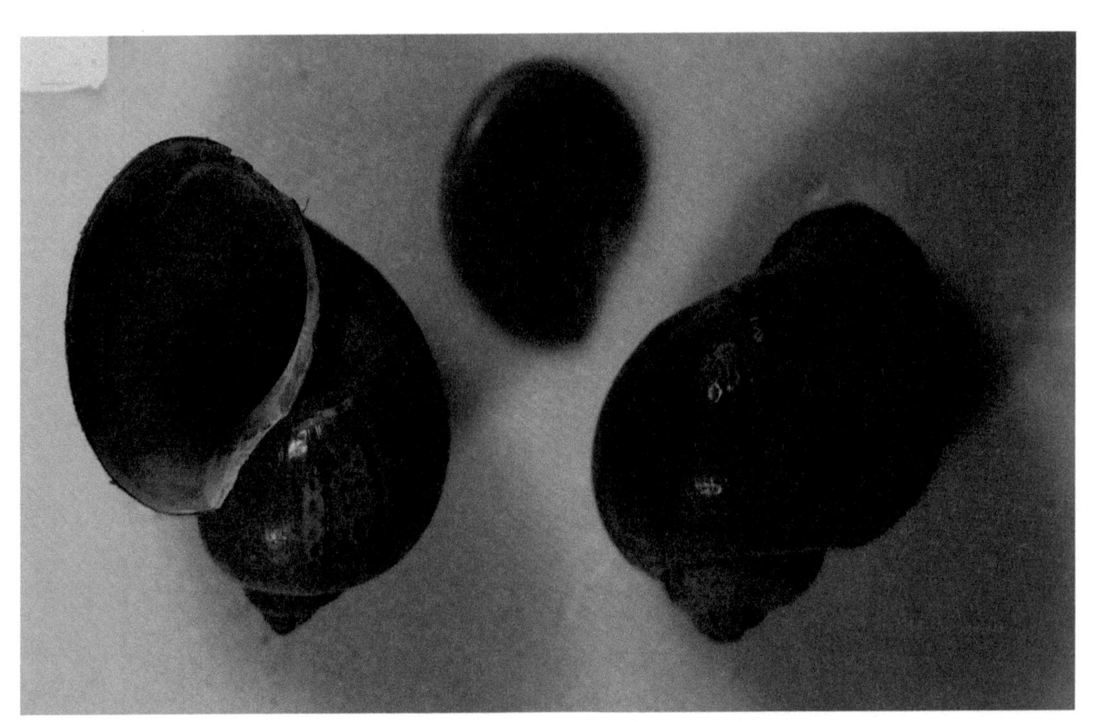

사진 60-1. 왕우렁이(복면, 뚜껑 및 등면)

사진 60-2. 왕우렁이 생태

사진 60-3. 왕우렁이 난괴

사진 60-4. 미꾸리망에 유인된 밀도

사진 60-5. 중간 낙수기 물꼬에 모인 개체들

61. 다슬기 *Semisulcospira libertina* (Gould)

연체동물문〉복족강〉중복족목〉다슬기과
MOLLUSCA〉Gastropoda〉Mesogastropoda〉Pleuroceridae

◉ 특징

각고는 25mm이고, 각경은 8mm이다. 나층은 5-6층이고 껍질의 체색은 황갈색을 띠며 체층은 부식되어 3-4층만 남는다. 종륵이 많고 성장맥이 거칠게 나타나는 것이 많아 지역에 따라 변이 개체가 많다. 특히 차체층에 적갈색의 띠가 2개 나타나는 종도 있다. 난태생을 하며 자웅이체로서 외형은 큰 것이 암컷일 가능성 높다.

◉ 생태

주 서식처는 강의 모래가 쌓인 지역이나 현재는 계곡의 찬물이 흐르는 농수로나 찬물이 나는 논에서 관찰된다.

◉ 분포

한국, 일본

사진 61-1. 다슬기(복면)

사진 61-2. 다슬기(등면)

사진 61-3. 다슬기(좌:복면, 우:등면)

사진 61-4. 다슬기(등면)

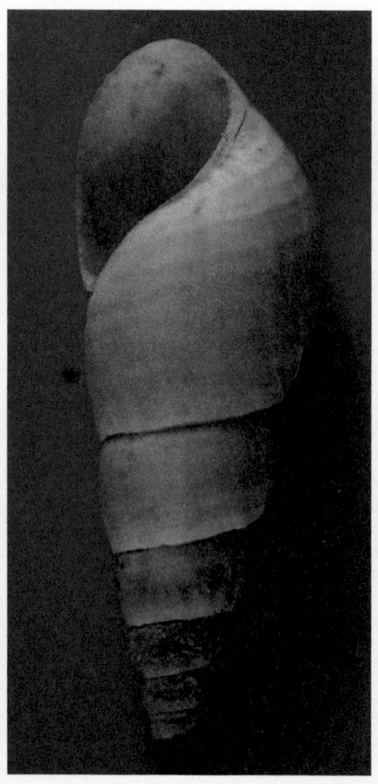

사진 61-5. 다슬기(복면)

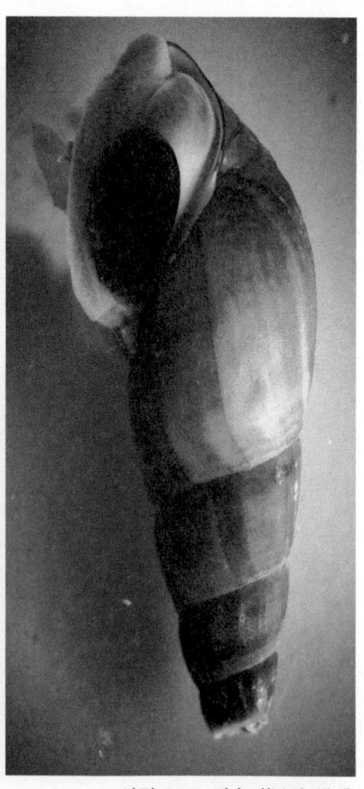

사진 61-6. 다슬기(복면 생태)

사진 61-7. 다슬기 서식지

62. 곳체다슬기 *Semisulcospira gottschei* (v.Martens)

연체동물문〉복족강〉중복족목〉다슬기과
MOLLUSCA〉Gastropoda〉Mesogastropoda〉Pleuroceridae

◉ 특징

각고는 35mm이고, 각경은 13mm이다. 나층은 6층이고 껍질의 체색은 짙은 갈색을 띠며, 종륵과 나륵이 발달하여 봉합은 얕고 아래쪽에 1줄의 돌기형태와 그 아래 결절 형태의 나륵이 나타난다.

◉ 생태

주 서식처는 우리나라 중북부 하천의 중하류 지점에 주로 서식하며, 다슬기류 중에서 가장 부영양화에 강한 것으로 알려져 있다. 또한 유기물을 정화하는 능력이 탁월하다. 현재는 중북부지역의 맑고 깨끗한 찬물이 흐르는 강과 저수지에 많다.

◉ 분포

한국, 일본

사진 62-1. 곳체다슬기(복면)

사진 62-2. 곳체다슬기(등면)

사진 62-3. 곳체다슬기(강원도)

사진 62-4. 곳체다슬기(좌:복면, 우:등면)

사진 62-5. 곳체다슬기 서식지(강원도 연곡면 신왕리소제 신왕저수지)

63. 주름다슬기 *Semisulcospira forticosta* (v.Martens)

연체동물문〉복족강〉중복족목〉다슬기과
MOLLUSCA〉Gastropoda〉Mesogastropoda〉Pleuroceridae

◉ 특징

각고는 32mm이고, 각경은 12mm이다. 나층은 5-6층이고 껍질의 체색은 흑갈색 또는 짙은 황갈색을 띠며, 나층에는 굵은 종륵이 11-14개정도 있고 가는 나륵이 교차된다. 나탑은 높은 편이고 가장 아래 곡저에는 보통 4줄의 나륵이 있다.

◉ 생태

주 서식처는 우리나라 중북부 이남의 하천과 계곡형 저수지 상류 지점으로 비교적 차고 깨끗한 곳이다. 난태생을 한다.

◉ 분포

한국, 일본

사진 63-1. 주름다슬기(복면)

사진 63-2. 주름다슬기(등면)

사진 63-3. 주름다슬기(복면)

사진 63-4. 주름다슬기(등면)

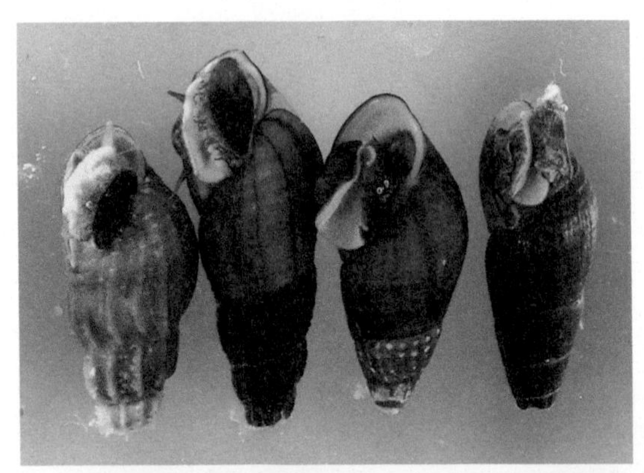

사진 63-5. 주름, 좀주름, 참 및 다슬기 복면 비교(좌부터)

사진 63-6. 주름, 좀주름, 참 및 다슬기 등면 비교(좌부터)

사진 63-7. 주름다슬기 서식지

64. 좀주름다슬기 *Semisulcospira tegulata* (v.Martens)

연체동물문〉복족강〉중복족목〉다슬기과
MOLLUSCA〉Gastropoda〉Mesogastropoda〉Pleuroceridae

◉ 특징
각고는 29mm이고, 각경은 10mm이다. 나층은 5-6층이고 껍질의 체색은 흑갈색 또는 약간 검은 빛의 황갈색을 띤다. 각정은 부식되고 나층에는 주름다슬기보다 가는 종륵이 있고, 각구쪽의 교차되는 나륵은 주름다슬기보다 굵다. 곡저에는 3-4개의 나맥이 있는 것과 구슬모양의 작은 돌기가 종륵을 이루는 개체가있다.

◉ 생태
주 서식처는 우리나라 경기 이남지역의 해안선과 연결된 하천과 저수지의 비교적 깨끗한 곳이다.

◉ 분포
한국, 일본

사진 64-1. 좀주름다슬기 (좌:복면, 우:뚜껑)

사진 64-2. 좀주름다슬기(복면)

사진 64-3. 좀주름다슬기(등면)

사진 64-4. 금강에서 채집된 판매용 좀주름다슬기

사진 64-5. 좀주름다슬기(복면)

사진 64-6. 좀주름다슬기(등면)

65. 참다슬기 *Semisulcospira coreana* (v.Martens)

연체동물문〉복족강〉중복족목〉다슬기과
MOLLUSCA〉Gastropoda〉Mesogastropoda〉Pleuroceridae

◉ 특징

각고는 29mm이고, 각경은 14mm이다. 나층은 5-6층이이나 대부분 심하게 부식되어 3-4층만 남는다. 패 껍질의 색깔은 황갈색이 많고 흑갈색을 띠는 것도 있다. 체층은 크고 나륵이 많으며 나탑의 종륵이 거의 없어 다슬기와 비슷하게 매끈한 형태이며, 차체층은 작은 돌기의 종륵을 가진다. 각구는 비슷한 크기와 형태의 다슬기류중 가장 크다.

◉ 생태

하천의 중상류 지역이 주 서식처이고 비교적 깨끗한 곳에 서식하며 경기 이남지역의 강 중상류에서 관찰된다.

◉ 분포

한국, 일본

사진 65-1. 참다슬기(복면)

사진 65-2. 참다슬기(등면)

사진 65-3. 참다슬기(좌:등면, 우:복면)

사진 65-4. 참다슬기(뚜껑, 좌:복면, 우:등면)

66. 띠구슬다슬기 *Koreoleptoxis globus ovalis* (Burch & Jung)

연체동물문〉복족강〉중복족목〉다슬기과
MOLLUSCA〉Gastropoda〉Mesogastropoda〉Pleuroceridae

◉ 특징

각고는 20mm이고, 각경은 13-14mm이다. 나층은 3층이나 대부분 심하게 부식되어 2층만 남는다. 패 껍질의 색깔은 흑갈색이 많고 암녹색을 띠는 것도 있다. 체층은 아주 크고 체층이 크기의 대부분을 차지하고 원형에 가까운 우렁이 유패의 형태를 한다.

◉ 생태

주 서식처는 하천의 중상류지역의 계류로 비교적 깨끗한 곳의 강에서 서식한다. 본 도감에 수록된 개체는 문경의 보가 없는 강 상류에서 채집하였다. 다슬기는 난태생을 하는 반면, 본 종은 난생을 하는 것이 특징이다.

◉ 분포

한국(인제, 제천, 문경 등의 강상류 계류채집)

사진 66-1. 띠구슬다슬기(복면)

사진 66-2. 띠구슬다슬기(등면)

사진 66-3. 띠구슬다슬기(등면)

사진 66-4. 띠구슬다슬기(좌:등면, 우:복면)

사진 66-5. 띠구슬다슬기 서식지

67. 주머니알다슬기 *Koreanomelania paucicincta* (Martes)

연체동물문〉복족강〉중복족목〉다슬기과
MOLLUSCA〉Gastropoda〉Mesogastropoda〉Pleuroceridae

◉ 특징

각고는 20mm내외이고, 각경은 8.8mm이다. 나층은 4층이나 체층이 큰편이고 길다. 각고의 2/3을 차지하고 각층은 부풀어 올라 마디가 깊이 들어가 있으며 각정의 침식은 심하다. 유패의 각피 체색은 각구 등쪽에 짙은 3줄의 갈색 띠무늬가 있고, 바탕색은 연녹색을 띠고 주름이 많은 것이 특징이며, 성패는 짙은 흑갈색을 띠고 주름은 펴져서 흐릿해지고 수도 많지 않다. 껍질의 단단하기는 다슬기 형태와 같고 크기와 형태는 애기물달팽이의 크기와 외형을 하고 있다.

◉ 생태

하천의 중상류 지역의 계류가 주 서식처이고 비교적 깨끗한 곳의 강에 서식하며, 다슬기가 난태생을 하는 반면 본 종은 띠구슬다슬기와 같이 난생을 한다. 본 도감에 수록된 개체는 금산군 용담댐 아래쪽의 수심이 깊지 않는 강의 계류 정체수면의 강변에서 채집한 것이다.

◉ 분포

한국(금산군 부남면 대유리 강변)

사진 67-1. 주머니알다슬기 유패(복면)

사진 67-2. 주머니알다슬기 등면(좌:유패, 우:성패)

사진 67-3. 주머니알다슬기(좌:복면, 우:등면)

사진 67-4. 주머니알다슬기(등면)

사진 67-5. 주머니알다슬기 서식지

68. 민물삿갓조개 *Laevapex nipponica* (Kuroda)

연체동물문〉복족강〉기안목〉민물삿갓조개과
MOLLUSCA〉Gastropoda〉Basommatophora〉Ancylidae

◉ 특징

각고는 1.5mm, 각장은 2.5mm, 각경은 5.5mm이다. 패각은 담수패 중에서 가장 작은 종으로 전체모양이 삿갓모양을 하고 성장맥이 발달한다. 각정은 후방 오른쪽으로 치우쳐 있고, 앞쪽이 뒤쪽보다 길고 둥글다.

◉ 생태

논, 하천, 강에서 서식하며 논에서는 벼의 줄기에 붙어살며 부착성이 강하여 채집이 어렵다. 논에서 채집되는 개체는 하천이나 강에서 채집되는 개체보다 크기가 작다. 알은 두장의 껍질로 되어 있고 부화할 때 하나의 뚜껑이 열린다.

◉ 분포

한국, 일본

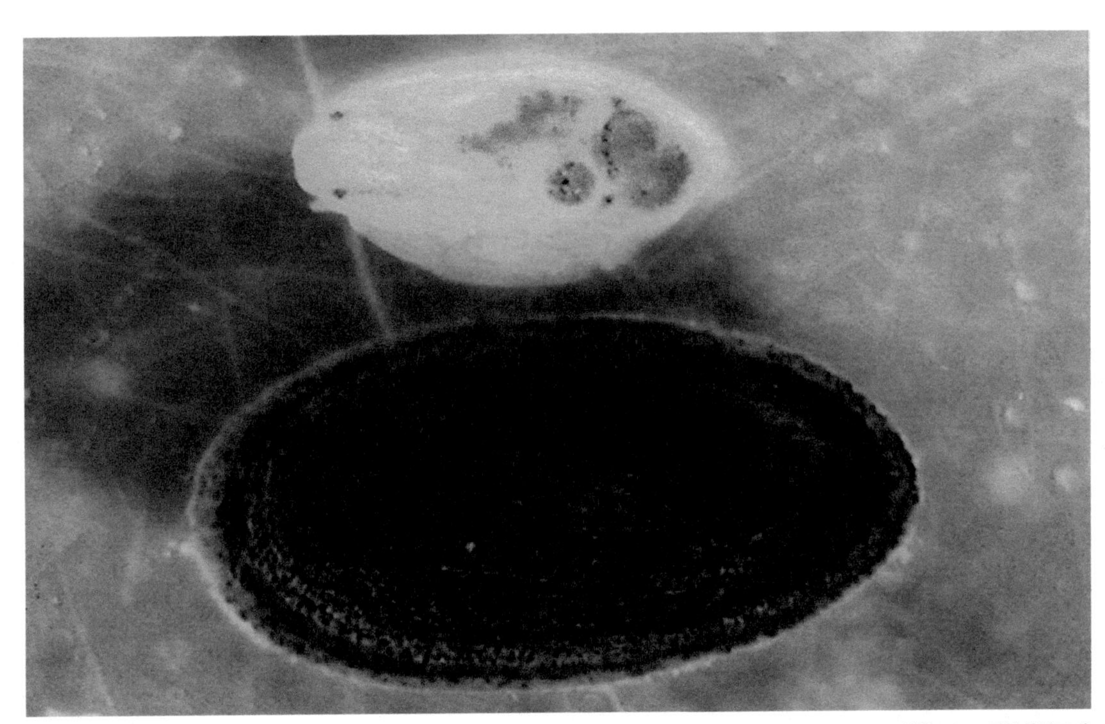

사진 68-1. 민물삿갓조개

69. 산골조개 *Pisidium(Neopisidium) coreanum* Kwon et Park

연체동물문〉이매패강〉백합목〉산골과
MOLLUSCA〉Bivalvia〉Veneroida〉Sphaeriidae

◉ 특징

각고는 4.7mm, 각장 5.5mm, 각폭 3.5mm이다. 각피는 연한 황색을 띠고 매끈하며 가는 윤륵이 잘 발달 되었다. 각정은 뒤쪽에 있어 삼각형의 형태를 보이며, 태각이 뚜렷하고 광택을 낸다. 자웅동체이고 난태생을 하며 유패는 아가미 속에 양쪽으로 두개로 나누어져 각각 13-14개씩, 27-28개가 성숙 단계별로 들어있다.

◉ 생태

주로 계곡의 물이 솟고 낙엽이 쌓여 있는 곳의 모래가 섞인 진흙 속이나 낙엽 아래에서 생활하지만, 물이 솟는 논이나, 농수로 및 온수로에서도 관찰된다. 자웅동체이고 난태생을 한다.

◉ 분포

한국, 일본

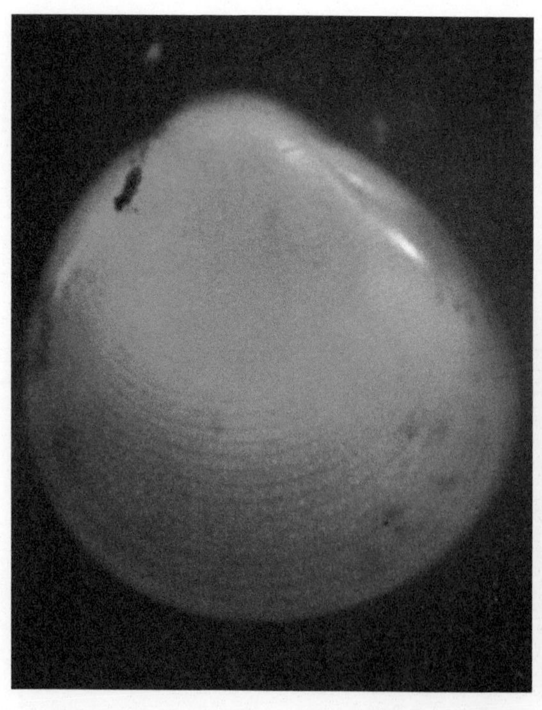

사진 69-1. 산골조개

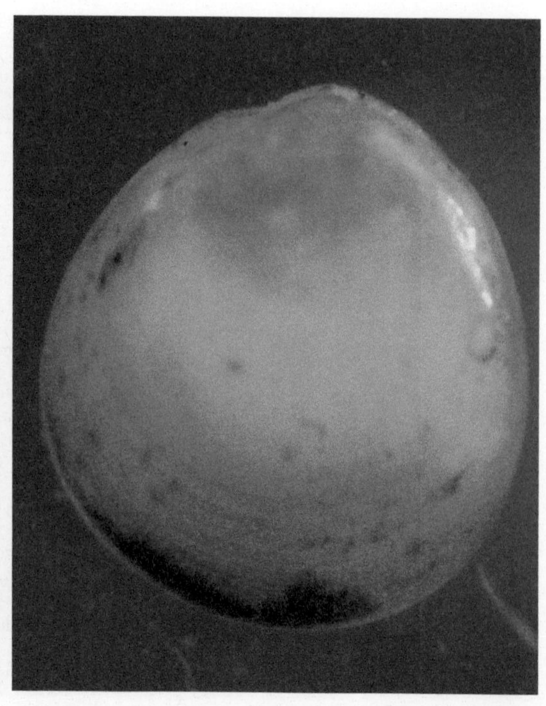

사진 69-2. 산골조개

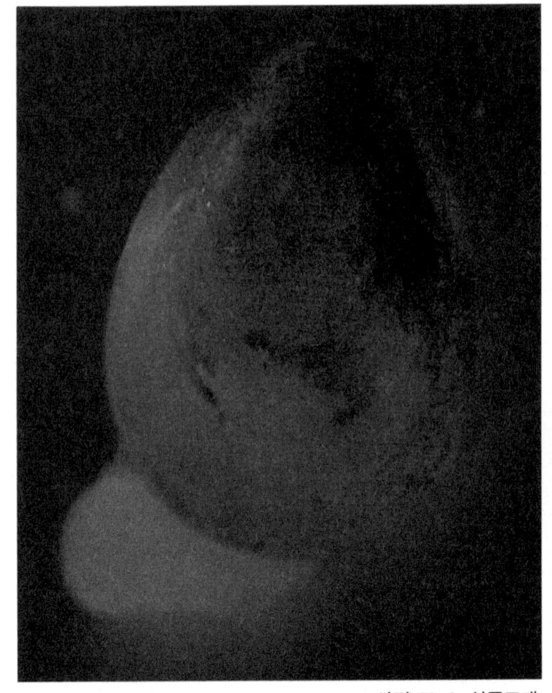

사진 69-3. 산골조개

사진 69-4. 산골조개 아가미속의 유패들

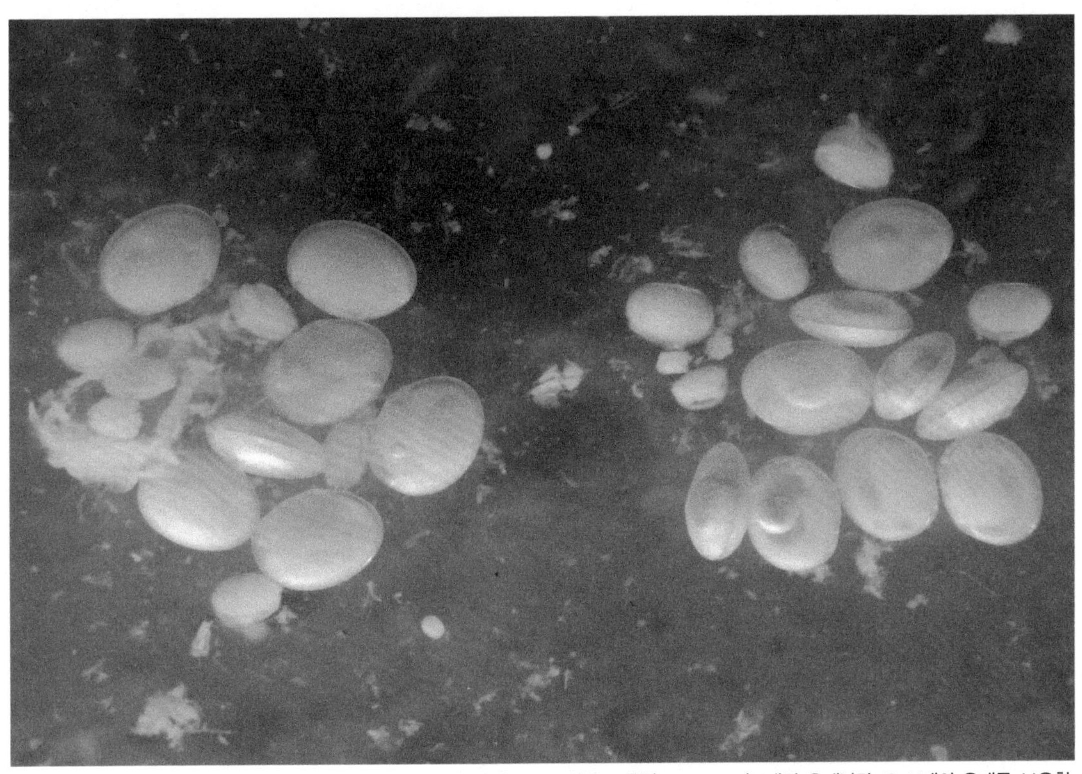

사진 69-5. 산골조개류(*Pisidium sp.*) 1개의 유패낭당 13-14개의 유패를 보유함

사진 69-6. 산골조개류(*Pisidium sp.*)

70. 삼각산골조개 *Sphaerium(Musculium) lacustre japonicum* (Westerlund)

연체동물문〉이매패강〉백합목〉산골과
MOLLUSCA〉Bivalvia〉Veneroida〉Sphaeriidae

◉ 특징

각장은 6.8mm로 삼각산골조개류 중 가장 작고, 성패의 패각은 소형의 사각형에 가까운 형태이다. 각피는 흰색을 띠며 투명한 부분이 많고, 짙은 흰색의 명주실 같이 가는 성장선이 뚜렷하고 띠를 이루며 광택이 강하다. 각정은 중앙에 위치하고 패각의 폭은 산골조개에 비해 좁아 구별이 쉽다.

◉ 생태

곡간지 용수가 솟는 모래가 많은 논을 선호하나, 논, 농수로, 및 온수로 등의 진흙이 쌓이고 물 흐름이 적은 정수역이면 전국적으로 서식하나, 삼각산골조개류 중에서는 가장 적게 서식한다. 자웅동체이고 난태생을 하며 유패는 아가미속에 양쪽으로 나누어져 성장하며, 성숙단계별로 들어있고 패출시 치패의 크기는 각장 1.6mm내외이다.

◉ 분포

한국

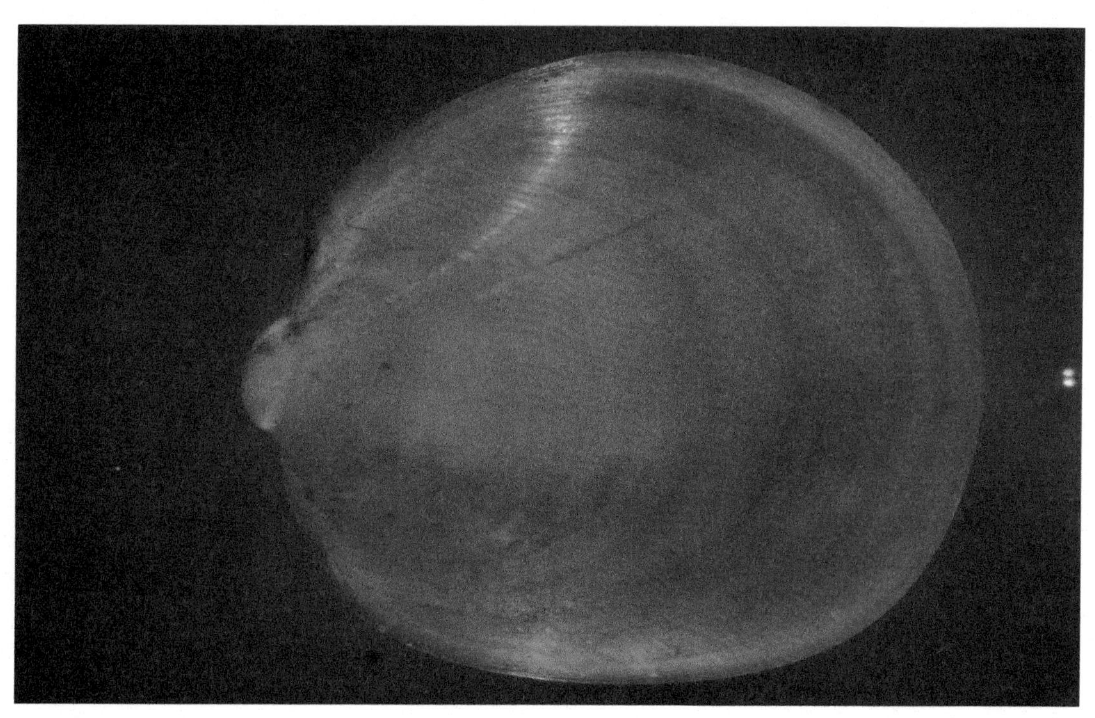

사진 70-1. 삼각산골조개

사진 70-2. 삼각산골조개

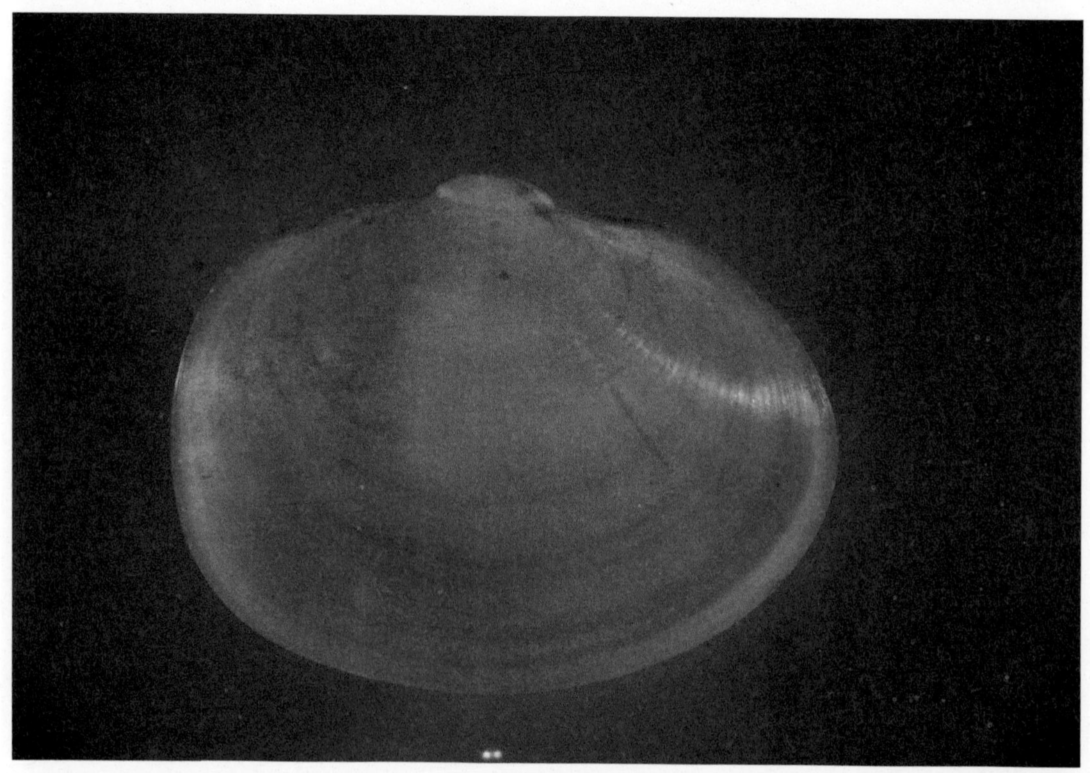

사진 70-3. 삼각산골조개

71. 국내 미기록종 *Sphaerium okinawaense* Mori

연체동물문 〉 이매패강 〉 백합목 〉 산골과
MOLLUSCA〉Bivalvia〉Veneroida〉Sphaeriidae

◉ 특징

각장은 10mm이고, 성패의 패각은 소형의 사각형에 가까운 형태이다. 각피는 흰색 바탕에 갈색을 띠고 성장선이 뚜렷하여 띠를 이루며 광택이 강하고, 각정은 중앙에 위치하고, 패각의 폭이 좁아 산골조개와 구별이 된다.

◉ 생태

곡간지 용수가 솟는 모래가 많은 논을 선호한다. 논, 농수로 및 온수로 등의 진흙이 쌓이고 물 흐름이 적은 정수역이면 전국적으로 서식하고 국내 논에서 가장 잘 적응되어 현재 가장 많은 밀도를 보이는 삼각산골조개류이다. 자웅동체이고 난태생을 하며 유패는 아가미속에 양쪽 두개로 나누어져 각각의 아가미속에서 성장되며 성숙 단계별로 들어있고 패출시 치패의 크기는 각장 1.7mm내외이다.

◉ 분포

한국, 일본

사진 71-1. 좌: *Sphaerium(Musculium) inutile*, 우: *Sphaerium okinawaense*

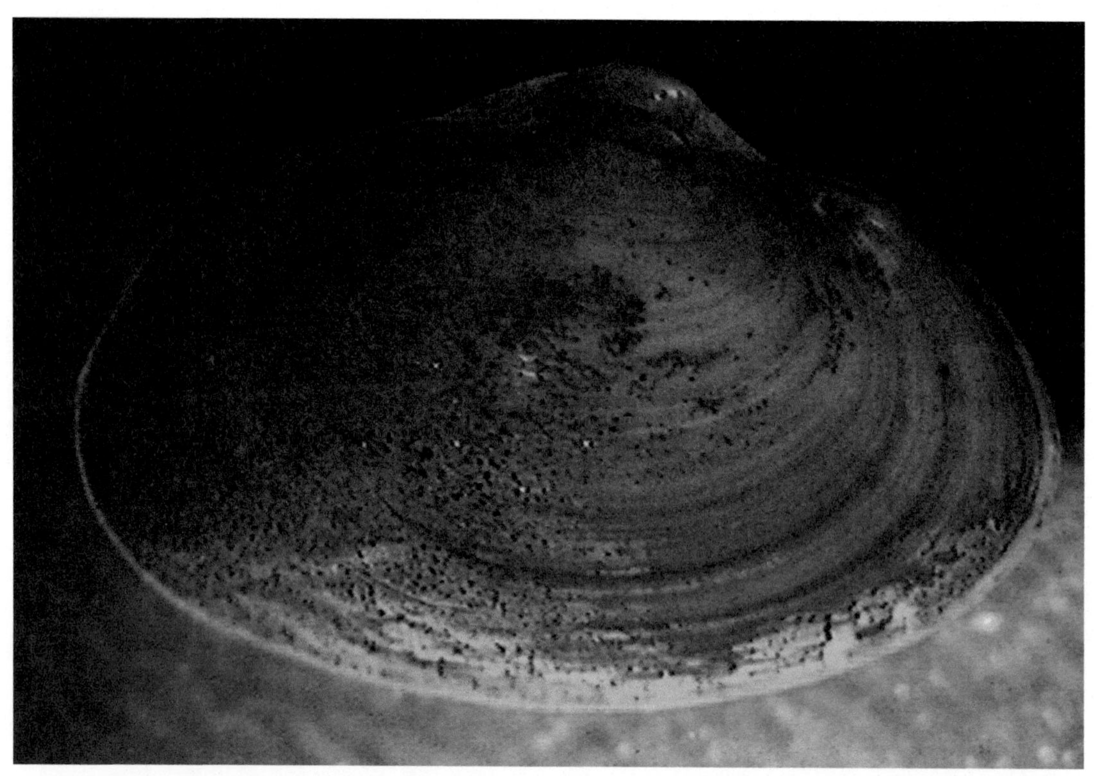

사진 71-2. *Sphaerium okinawaense*

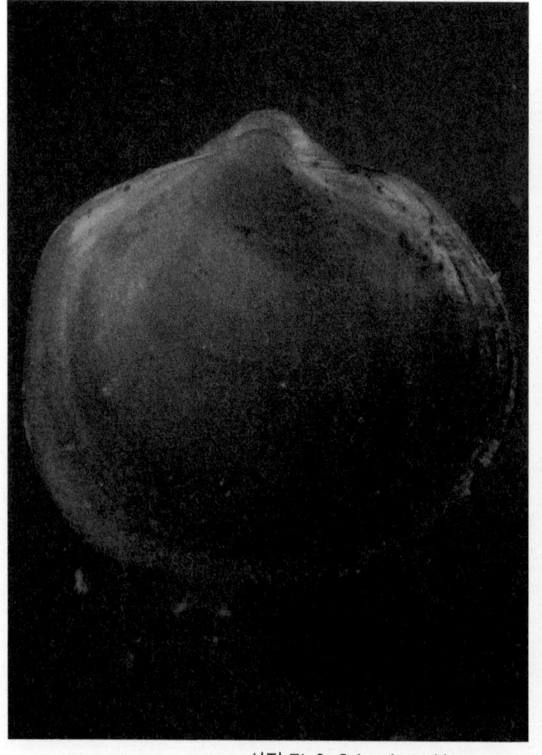

사진 71-3. *Sphaerium okinawaense*

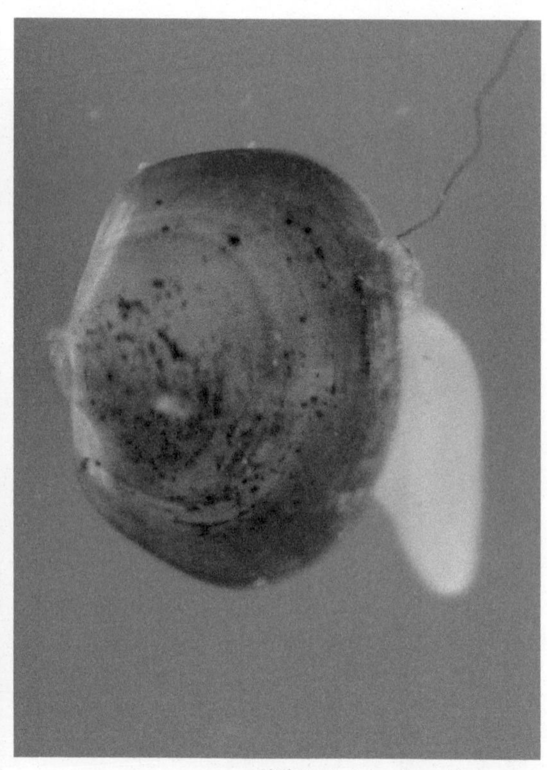

사진 71-4. *Sphaerium okinawaense*

72. 국내 미기록종 *Sphaerium(Musculium) inutile* Pilsbry

연체동물문 〉 이매패강 〉 백합목 〉 산골과
MOLLUSCA〉Bivalvia〉Veneroida〉Sphaeriidae

◉ 특징

각장은 11㎜이고, 성패의 패각은 우측 폭이 넓은 소형의 사각형에 가까운 형태이다. 각피는 적갈색 또는 담색빛이 나는 회갈색을 띠며, 복륵쪽의 생장선 이하만이 짙은 흰색의 폭 넓은 성장선이 뚜렷하고 띠를 이루며 광택이 강하다. 각정은 중앙에 위치하고 패각의 폭은 삼각산골조개류에서 폭이 가장 넓어 구별이 된다.

◉ 생태

곡간지 물이 솟는 모래가 많은 논을 선호하나 논, 농수로, 및 온수로 등의 진흙이 쌓이고 물 흐름이 적은 정수역이면 전국적으로 서식한다. 자웅동체이고 난태생을 하며, 유패는 아가미속에 양쪽 두개로 나누어져 각각의 아가미속에서 성장되며 성숙 단계별로 들어있고 패출시 치패의 크기는 각장 1.8㎜내외이다.

◉ 분포

한국, 일본

사진 72-1. *Sphaerium(Musculium) inutile*

사진 72-2. *Sphaerium(Musculium) inutile*

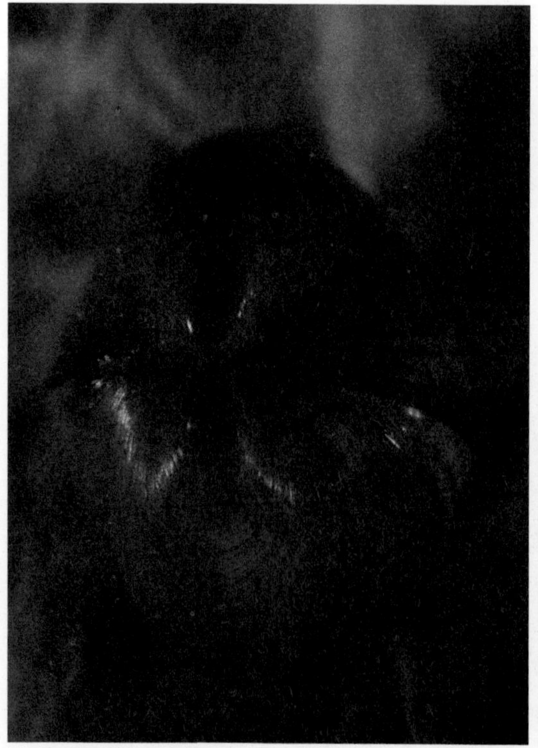

사진 72-3. *Sphaerium(Musculium) inutile*(각정)

사진 72-4. *Sphaerium(Musculium) inutile*(측면)

73. 콩재첩 *Corbicula(Corbiculina) felnouilliana* Heude

연체동물문〉부족강〉백합목〉재첩과
MOLLUSCA〉Pelecypoda〉Veneroida〉Corbiculidae

◉ 특징

각고는 30mm, 각장은 35mm인 중형의 종이다. 각피는 두껍고 광택이 있으며, 각피는 황갈색을 띤다. 두드러진 윤맥이 있으며, 규칙적이고 일정한 간격으로 치밀한 성장맥이 있다. 성장한 것은 각피가 마모되어 백색을 띠며, 패각의 내면은 백색을 띠나 수관부와 배선 부분은 연보라색을 띤다.

◉ 생태

60-70년대까지는 한강의 고운 모래 속에서 흔히 볼 수 있었으나, 현재는 거의 찾아 볼 수 없다. 순담수 지역과 한강 하류 기수지역이 주요 서식지이며 드물게 채집되는 종이다.

◉ 분포

한국

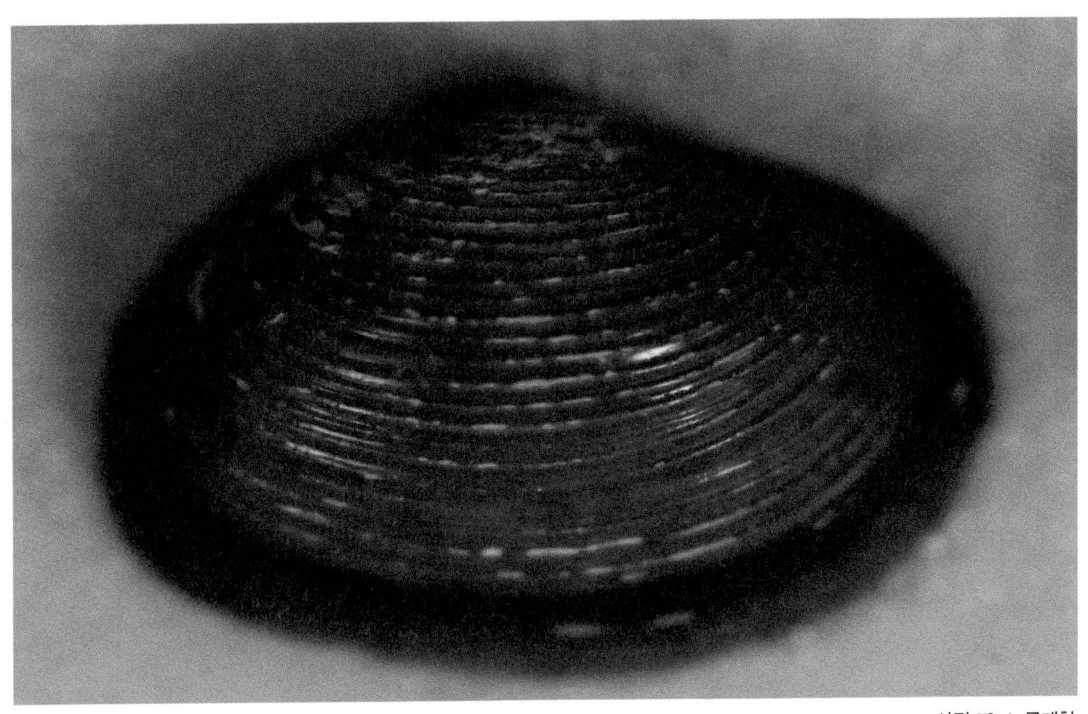

사진 73-1. 콩재첩

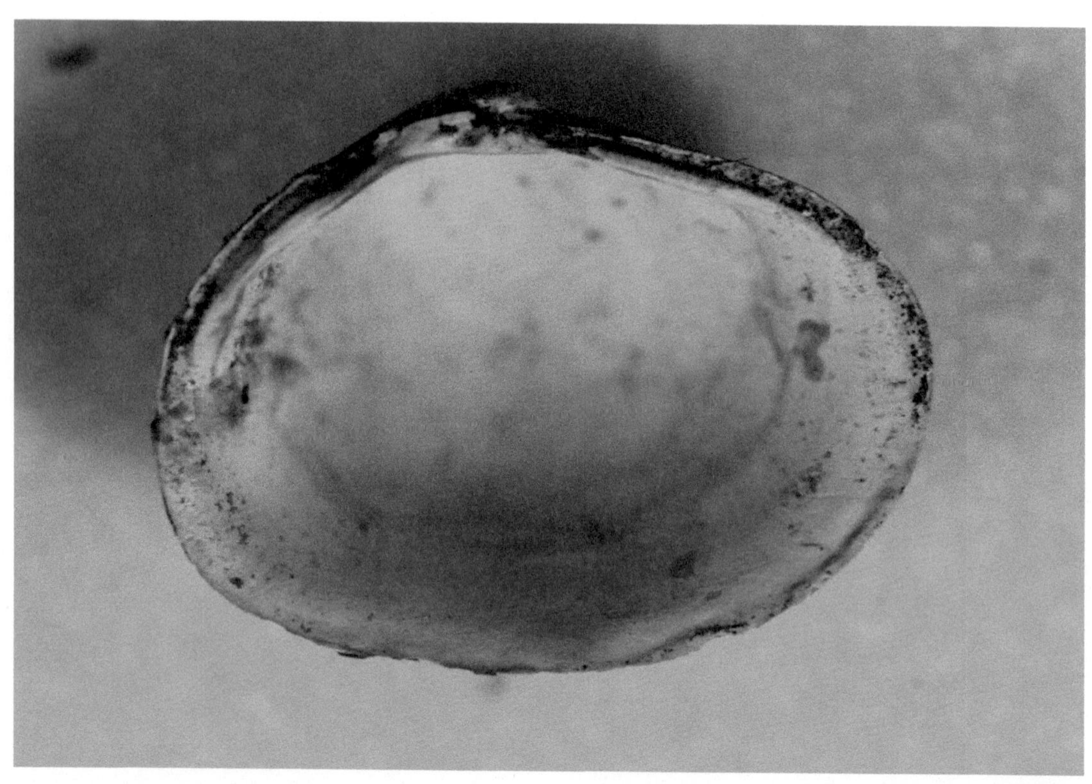

사진 73-2. 콩재첩(속면)

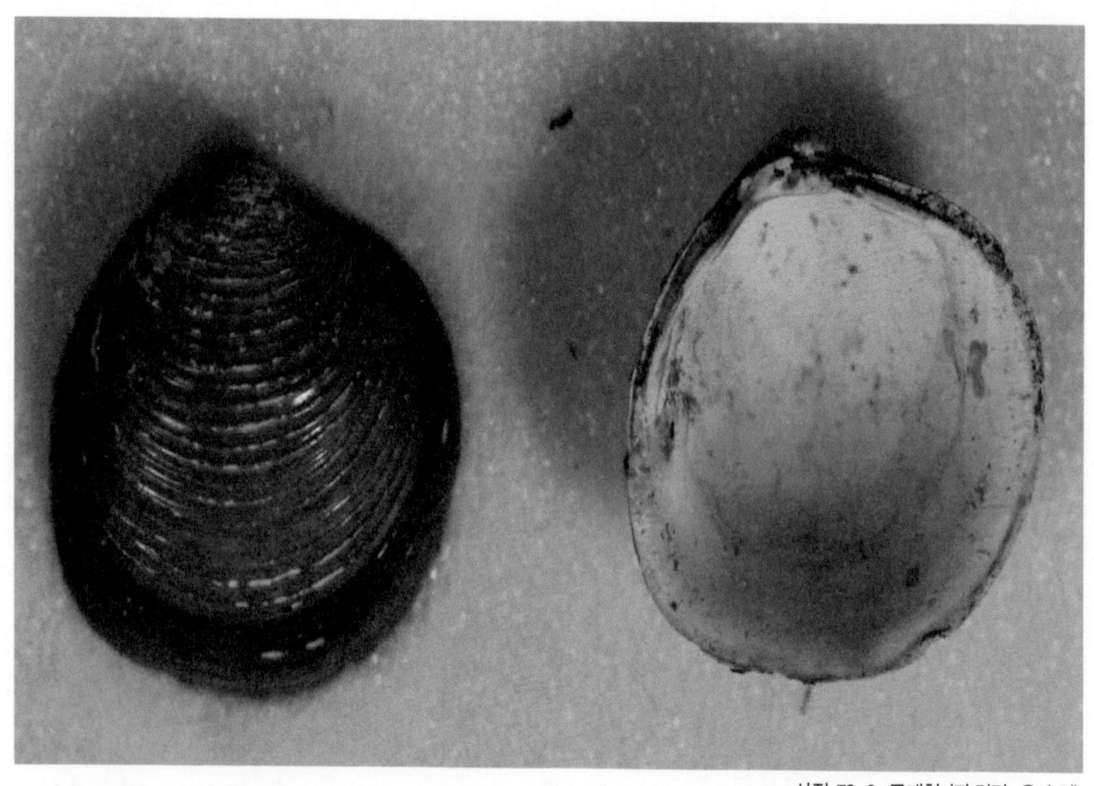

사진 73-3. 콩재첩 (좌:겉면, 우:속면)

74. 재첩 *Corbicula(Corbiculina) fluminea* (Muller)

연체동물문〉부족강〉백합목〉재첩과
MOLLUSCA〉Pelecypoda〉Veneroida〉Corbiculidae

◉ 특징

각고는 30mm, 각장 34mm, 각폭 19mm이다. 각피는 황갈색이나 황색 또는 흑색을 띠고 광택이 있다. 크기나 각피의 색은 지역에 따른 변이가 크다. 개체수도 줄어들었고, 채집되는 개체색이 칙칙한 흑색의 것이 대부분이다. 껍질은 두껍고 단단하며 성장맥은 뚜렷하고, 각정부는 팽창된 형태이고 패각 내면의 측치부분은 옅은 보라색을 띠고 속은 테두리를 제외하면 흰색을 띤다.

◉ 생태

60-70년대 까지는 강의 고운 모래 속에서 흔히 볼 수 있던 것이었으나, 현재는 강의 자갈층이나 저수지와 연결된 농수로에서 드물게 관찰된다.

◉ 분포

한국, 일본, 중국, 타이완

사진 74-1. 재첩

사진 74-2. 재첩(상:겉면, 하:속면)

사진 74-3. 재첩(좌:겉면, 우:속면)

사진 74-4. 재첩(좌:성패, 우:유패)

사진 74-5. 재첩 서식지(소하천 보:함양)

75. 참재첩 *Corbicula leana* Prime

연체동물문〉부족강〉백합목〉재첩과
MOLLUSCA〉Pelecypoda〉Veneroida〉Corbiculidae

◉ 특징
각고는 22mm, 각장 23mm, 각폭 19mm이다. 각피는 황갈색 바탕에 연한 갈색을 띠고 광택은 약하다. 유패는 황색바탕에 녹색빛을 띤다. 연한 흑색반점을 가진 개체도 있다. 성장맥은 뚜렷하며 규칙적이고 내면은 백색바탕에 보라색을 띠고 껍질 테두리 부분은 짙은 보라색으로 흑색에 가깝다. 전체적인 형태는 정삼각형이고, 오염에도 강한 내성종이다.

◉ 생태
60-70년대 까지는 강의 고운 모래 속에서 흔히 볼 수 있었으나, 현재는 강의 자갈 틈이나 저수지와 연결된 농수로에서도 드물게 관찰된다. 국내에선 가장 광범위하게 분포하며 변이 또한 가장 많은 종이다. 오염에도 강한 내성종이다.

◉ 분포
한국, 일본

사진 75-1. 참재첩

사진 75-2. 참재첩(겉면)

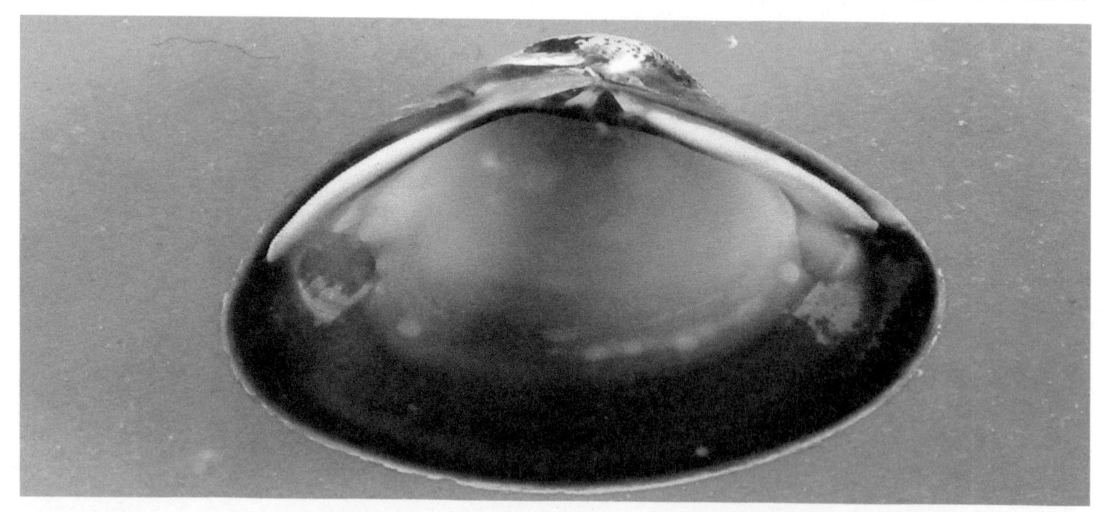

사진 75-3. 참재첩(속면)

사진 75-4. 참재첩 서식지

76. 엷은재첩 *Corbicula(Corbiculina) papyracea* Heude

연체동물문〉부족강〉백합목〉재첩과
MOLLUSCA〉Pelecypoda〉Veneroida〉Corbiculidae

◉ 특징

각고는 20mm, 각장 23mm, 각폭 13mm이다. 소형으로 긴 타원형이며, 각피는 황갈색 바탕에 엷은 녹색을 띠고 껍질은 얇다. 각 폭이 좁아 납작한 형태로서 성장 맥은 뚜렷하고 폭이 좁아 조밀하다. 패각의 내면은 전체가 진한 보라색을 띠고 있다.

◉ 생태

강이나 호수의 고운 모래가 많이 섞인 진흙 속에 숨어 산다. 본 도감에 수록된 개체는 문경시 산북면 약석리 금천에 많이 서식하며, 비교적 수온이 낮은 상류 유수역의 자갈이 많고 모래가 있는 자갈 사이에 서식하는 특성이 있어 폭 넓은 강의 중류나 하류에서는 관찰되지 않는다.

◉ 분포

한국

사진 76-1. 엷은재첩

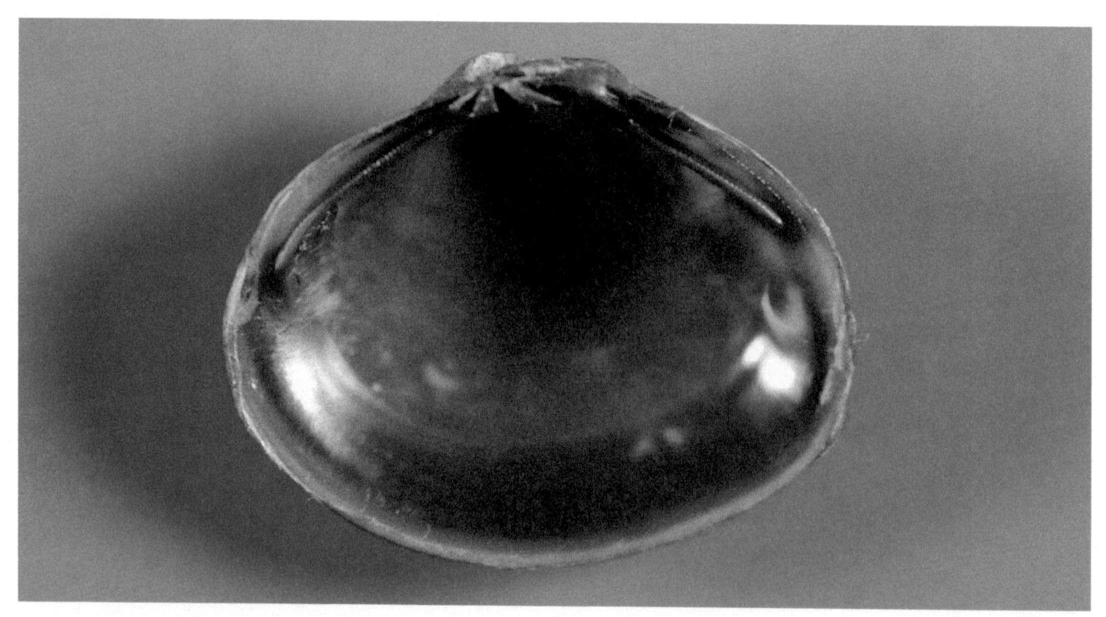

사진 76-2. 엷은재첩(속면)

사진 76-3. 엷은재첩(좌:속면, 우:겉면)

사진 76-4. 엷은재첩 서식지(문경시 산북면 약석리)

77. 공주재첩 *Corbicula(Corbiculina) corolata* v. Martens

연체동물문〉부족강〉백합목〉재첩과
MOLLUSCA〉Pelecypoda〉Veneroida〉Corbiculidae

◉ 특징

각고는 24mm, 각장 29mm, 각폭 13mm이다. 각피는 밝은 황갈색 바탕에 곡정은 옅은 녹색을 띠고, 껍질은 얇으며 각 폭이 좁아 납작한 형태로서, 성장맥은 뚜렷하고 폭이 좁아 조밀하다. 패각의 내면은 전체가 연한 보라색 바탕에 흰색의 굵고 흐릿한 줄이 무수히 있어 전체가 진한 자주색을 띤다. 소형으로 긴 타원형 종으로 개체수는 적어 보기 어렵다.

◉ 생태

강이나 호수의 고운 모래가 많이 섞인 진흙 속에 숨어 산다. 본 종은 공주 금강과 태화강 중하류에서 채집된 기록이 있다.

◉ 분포

한국

사진 77-1. 공주재첩

사진 77-2. 공주재첩(속면)

사진 77-3. 공주재첩(각정)

78. 점박이재첩 *Corbicula(Corbiculina) portentosa* Heude

연체동물문〉부족강〉백합목〉재첩과
MOLLUSCA〉Pelecypoda〉Veneroida〉Corbiculidae

◉ 특징
각고는 14mm, 각장 17mm, 각폭 8mm이다. 각피는 연한 녹색바탕에 황색이나 회색을 띠고, 껍질은 얇고 성장맥은 가늘고 조밀하다. 껍질의 전면에 점들이 산재하여 점박이라 명명되었다. 내면은 적색을 띤 보라색이고 흰색과 보라색의 띠무늬를 가진다.

◉ 생태
전국적으로 분포하고 강이나 호수의 고운 모래가 많이 섞인 곳에 숨어 산다.

◉ 분포
한국

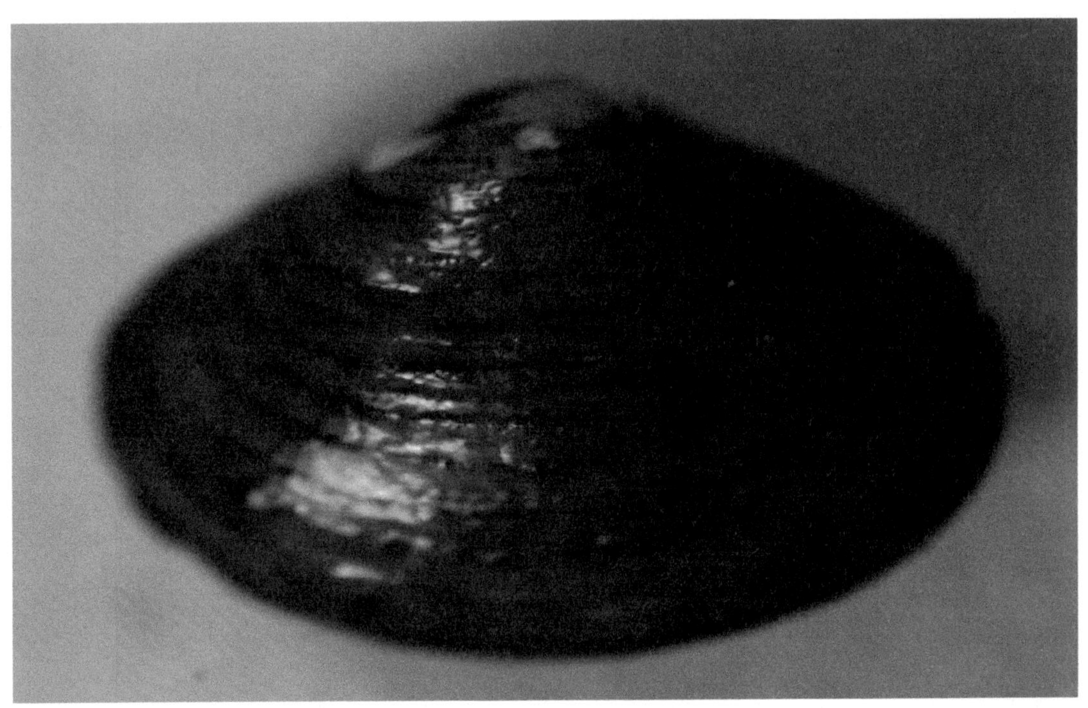

사진 78-1. 점박이재첩

사진 78-2. 점박이재첩 서식지

사진 78-3. 점박이재첩 서식지

79. 일본재첩 *Corbicula japonica* Prime

연체동물문〉부족강〉백합목〉재첩과
MOLLUSCA〉Pelecypoda〉Veneroida〉Corbiculidae

◉ 특징

각고는 32mm, 각장 38mm, 각폭 22mm이다. 각피는 흑색 바탕에 각정과 패의 성장륵 이후가 노랑색을 띠고 광택은 강하다. 유패는 황색 바탕에 패 중앙에 방사선의 갈색띠무늬가 있다. 성장맥은 뚜렷하며 규칙적이고, 내면은 짙은 보라색을 띠고 오래된 사패는 탈색된 백색을 띤다.

◉ 생태

60-70년대까지는 송지호 등에서 채집하여 판매되었으나, 현재는 강이 오염되지 않고 깨끗한 물이 흐르는 기수역에서 드물게 채집된다. 국내에는 가장 동해안의 기수역에 주로 분포하고, 본 도감에 수록된 개체는 속초의 해수욕장 인근 기수역에서 채집하였다.

◉ 분포

한국, 일본

사진 79-1. 일본재첩(좌:성패, 우:유패)

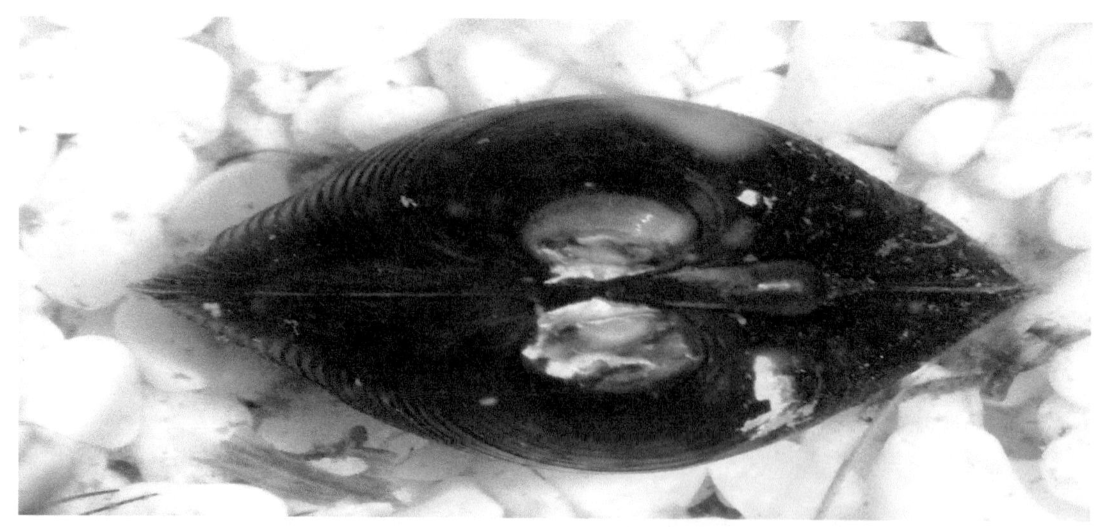
사진 79-2. 일본재첩(각정)

사진 79-3. 일본재첩(성패 겉면)

사진 79-4. 일본재첩(속면)

사진 79-5. 일본재첩 서식지

80. 말조개 *Unio(Nodularia) douglasiae* Griffith & Pidgeon

연체동물문〉부족강〉석패목〉석패과
MOLLUSCA〉Pelecypoda〉Unionoida〉Unionidae

◉ 특징

각고는 76mm, 각장 34mm 크기이다. 각피는 흑갈색을 띠고 중형이며 패각은 두껍고 단단하며 검은색을 띠고 있어 다른 유사종과 구별된다. 각정은 앞쪽으로 치우치고 성장맥이 있고 인대가 뚜렷히 나타나며, 껍질의 안쪽은 은백색의 광택이 있다.

◉ 생태

서식지는 강이나 호수 및 저수지이고 모래가 섞인 진흙속에 산다. 강에서는 초겨울에 여울의 자갈 속에서 나와 있어 쉽게 채집할 수 있다. 산란은 여름철로 유생이 관찰된다.

◉ 분포

한국, 일본

사진 80-1. 말조개(상:성패, 하:유패)

사진 80-2. 말조개(속면)

사진 80-3. 말조개(성패 겉면)

사진 80-4. 말조개 서식지

81. 작은말조개 *Unio(Nodularia) douglasiae sinuolatus* (v.Martens)

연체동물문〉부족강〉석패목〉석패과
MOLLUSCA〉Pelecypoda〉Unionoida〉Unionidae

◉ 특징

각고는 20mm, 각장 35mm이고 패각의 크기는 중소형종이다. 각피의 앞쪽은 황갈색이고 뒤로 갈수록 청녹색을 띠며 껍질이 얇고 성장맥은 뚜렷하며, 안쪽은 진주 광택이 있다. 각정이 마모되어 진주빛을 내는 층이 드러나기도 한다. 성패는 말조개와 구별이 쉽지 않다.

◉ 생태

서식지는 강 상류나 호수 및 저수지이고 모래가 섞인 진흙속에 산다.

◉ 분포

한국, 일본

사진 81-1. 작은말조개

사진 81-2. 작은말조개 성장 단계별 형태

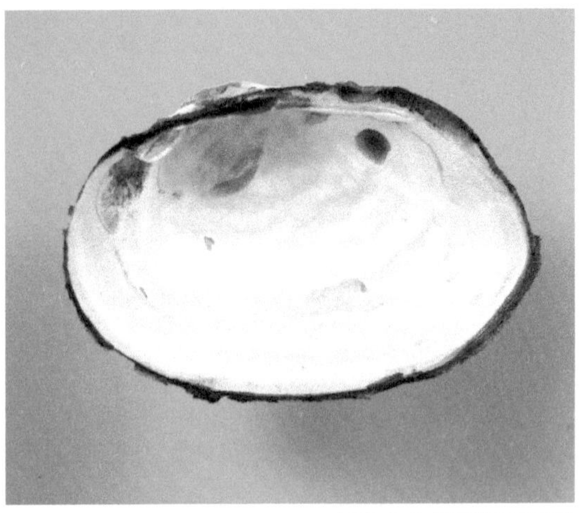

사진 81-3. 작은말조개(속면)

사진 81-4. 작은말조개

사진 81-5. 작은말조개 서식지(청양군 화성 저수지)

82. 칼조개 *Lanceolaria grayana* (Lea)

연체동물문〉부족강〉석패목〉석패과
MOLLUSCA〉Pelecypoda〉Unionoida〉Unionidae

◉ 특징

각고는 23mm, 각장 88mm이고 패각의 크기는 중대형종이다. 성패의 각피는 흑갈색이고, 유패는 연녹색이다. 패의 형태는 각정이 앞으로 치우치고 뒤쪽으로 갈수록 좁아져 칼끝 모양이 되고, 각정에는 굵은 능각이 형성되고 짧은 종륵이 새로로 나있으며 성장맥은 뚜렷하다.

◉ 생태

서식지는 수심이 깊은 강의 중상류나 호수 및 저수지이고, 바위틈이나 굵은 모래가 많이 섞인 곳에 산다.

◉ 분포

한국, 일본

사진 82-1. 칼조개

사진 82-2. 칼조개(상:겉면, 하:속면)

사진 82-3. 칼조개(겉면)

사진 82-4. 칼조개 서식지(금강중류)

83. 귀이빨대칭이 *Cristaria plicata* (Leach)

연체동물문〉부족강〉석패목〉석패과
MOLLUSCA〉Pelecypoda〉Unionoida〉Unionidae

◉ 특징
각고는 130mm, 각장 180mm이고, 패각의 크기는 대형종으로 국내 이매패중 가장 크다. 성패의 각피는 흑갈색이고 유패때는 짙은 녹색이다. 유패의 형태는 귀가 크게 발달하여 귀의 형태가 뚜렷하고, 껍질은 두껍고 거친 성장맥으로 덮혀 있으며 패각 안쪽은 강한 진주 광택을 띤다. 녹색의 큰 방사대를 갖고 있으며 껍질은 다른 이매패와는 달리 얇은 것이 특징이다.

◉ 생태
서식지는 수심이 깊은 강하류의 기수역이고 진흙이 많은 펄속에 산다. 우포늪과, 김해 농수로, 낙동강과 금강하구 등에서 채집된 보고가 있다.

◉ 분포
한국, 일본, 중국

사진 83-1. 귀이빨대칭이

사진 83-2. 귀이빨대칭이

사진 83-3. 귀이빨대칭이(각정)

사진 83-4. 귀이빨대칭이 서식지(우포늪 전경)

84. 곳체두드럭조개 *Lamprotula leai* (Griffith et Pidgeon)

연체동물문〉부족강〉석패목〉석패과
MOLLUSCA〉Pelecypoda〉Unionoida〉Unionidae

◉ 특징

각고는 43㎜, 각장 70㎜ 크기이고, 패각의 형태는 장난형이고 각피는 검은 녹색을 띤다. 두드럭조개에 비해 각장은 길며, 각고는 훨씬 작고 각폭은 좁다. 중앙의 과립상의 돌기도 두드럭조개와는 달리 길쭉하다. 성장맥은 다른 종과 달리 가늘고 종륵이 10여 개 있으며, 후방의 끝이 좁아지면서 납작해지고 패각의 내측은 옅은 진주 광택을 띠고 각정은 닳아 흰색을 띤다.

◉ 생태

주요 서식지는 강이나 호수의 깊은 곳이며, 모래가 섞인 펄속에 산다. 여름 산란형으로 바깥 아가미가 보육낭으로 난막속에서 유생이 된다.

◉ 분포

한국(금강 및 한강 등에 서식)
*채집지 : 충남 금산군 부남면 대유리

사진 84-1. 곳체두드럭조개

사진 84-2. 곳체두드럭조개(상:속면, 하:겉면)

사진 84-3. 곳체두드럭조개(속면)

사진 84-4. 곳체두드럭조개(각정)

사진 84-5. 곳체두드럭조개 서식지

85. 대칭이 *Anodonta(Anemia) arcaeformis* (Heude)

연체동물문〉부족강〉석패목〉석패과
MOLLUSCA〉Pelecypoda〉Unionoida〉Unionidae

◉ 특징

각고는 68mm, 각장 127mm, 각폭 45mm이다. 각피는 흑갈색을 띠고 유패의 중앙은 초록색을 띠며, 얇고 연하여 잘 부스러진다. 성장맥은 뚜렷한 편이며 패각의 등선과 배선은 평행선이고, 외형은 장타원형이며 앞뒤의 각폭이 비슷하고 폭이 넓다. 패각속은 연한 적살색을 띠는 백색으로 진주광택을 내나 약하고 귀는 성패가 되면 서서히 닳아 없어지고 각정부만 돌출된다.

◉ 생태

서식지는 강과 호수의 모래가 섞인 진흙속에 살며 겨울 산란형으로 유생의 생성시기가 10월초부터 이듬해 3월말까지이다. 산란을 위해 펄이나 모래속에서 나오므로 강에서는 초겨울에 여울의 자갈 틈에서 쉽게 채집된다. 분포범위는 강원도 동해안쪽의 강과 남부지방에 주로 서식한다.

◉ 분포

한국, 일본

사진 85-1. 대칭이

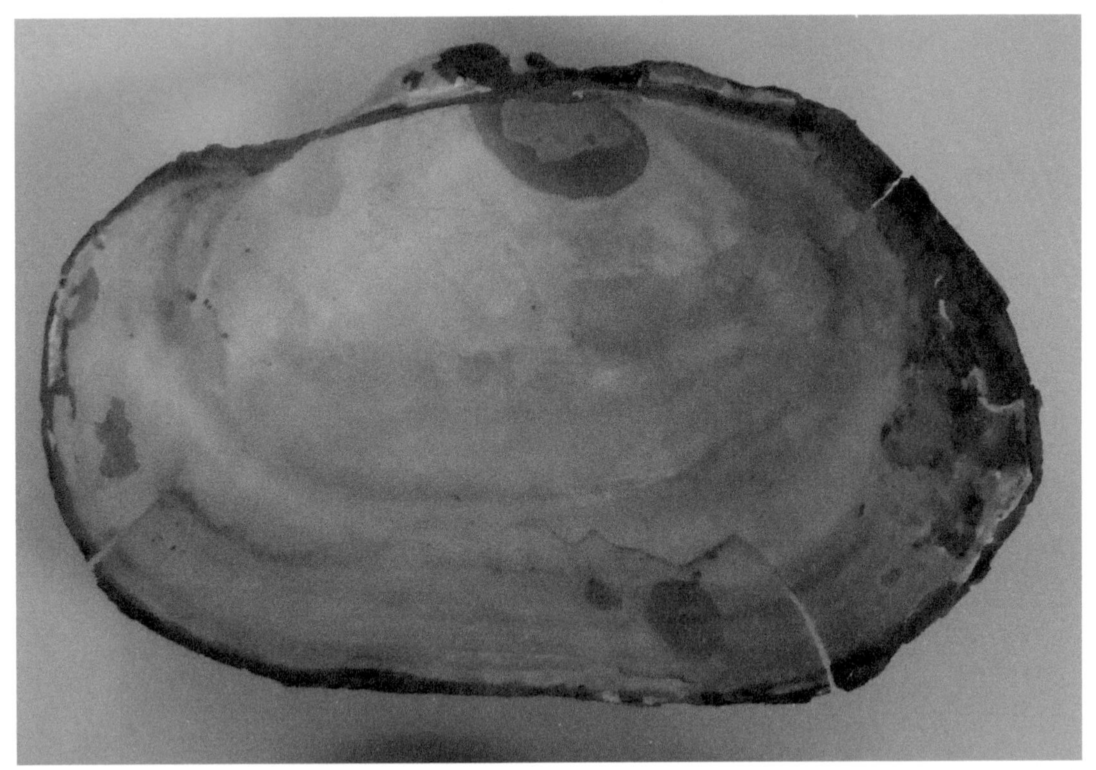

사진 85-2. 대칭이(속면)

사진 85-3. 대칭이 서식지(화순)

86. 작은대칭이 *Anodonta(Anemia) arcaeformis flavotincta* (v.Martens)

연체동물문〉부족강〉석패목〉석패과
MOLLUSCA〉Pelecypoda〉Unionoida〉Unionidae

◉ 특징

각고는 65mm, 각장 106mm, 각폭 57mm 크기이다. 각피는 녹색을 띤 흑갈색이고 얇고 연하여 죽은 패각이 마르면 잘 부서진다. 성장맥은 뚜렷한 편이며 패각의 등선은 평행이나 배선은 중앙을 정점으로 둥글게 부풀어 있어 등선과 배선이 평행선을 이루지 않고, 패삭의 외석형태는 장난형이며 각폭이 넓고 앞쪽보다 뒤쪽의 폭이 넓다. 패각속은 연한 적갈색을 띠는 백색으로 광택은 강하다. 각정 부분은 약간 돌출하나 대칭이에 비해 낮고 밋밋한 편이다.

◉ 생태

서식지는 강과 호수의 모래가 섞인 진흙이 많은 곳이며 전국적으로 분포하며, 강에서는 초겨울에 여울의 자갈밭에 나와 있어 채집이 쉽다. 청평호수등 북방계에서 더 많이 관찰된다.

◉ 분포

한국, 중국, 일본

사진 86-1. 작은대칭이

사진 86-2. 작은대칭이

사진 86-3. 작은대칭이(속면)

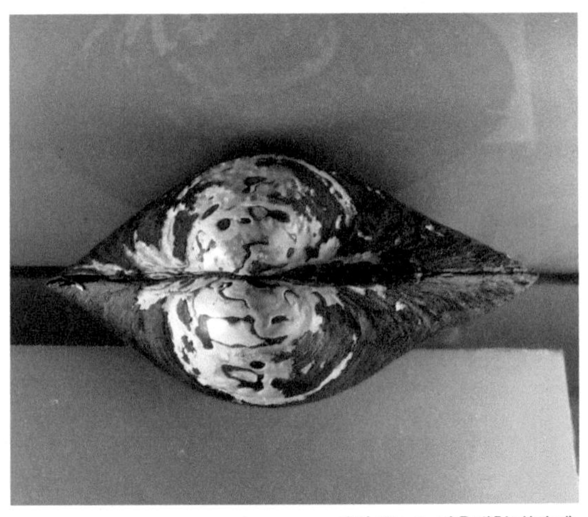

사진 86-4. 작은대칭이(각정)

사진 86-5. 작은대칭이(유패)

사진 86-6. 작은대칭이 서식지

87. 펄조개 *Anodonta(Sinanodonta) woodiana* (Lea)

연체동물문〉부족강〉석패목〉석패과
MOLLUSCA〉Pelecypoda〉Unionoida〉Unionidae

◉ 특징

각고는 98mm, 각장 135mm이고 패각의 크기는 대형종이다. 성패의 각피는 흑갈색이고 유패때는 짙은 녹색이다. 유패의 형태는 귀가 발달하여 삼각형에 가깝고, 성패가 되면 귀가 마모되어 댕칭이와 비슷한 형태가 된다. 안쪽은 강한 진주광택을 띤다.

◉ 생태

서식지는 수심이 깊은 강의 중상류나 호수 및 저수지이고, 바위틈이나 진흙이 많은 펄속에 산다.

◉ 분포

한국, 일본

사진 87-1. 펄조개 유패

사진 87-2. 펄조개 유패 생태

사진 87-3. 펄조개 유패(겉면)

사진 87-4. 펄조개 성패(겉면)

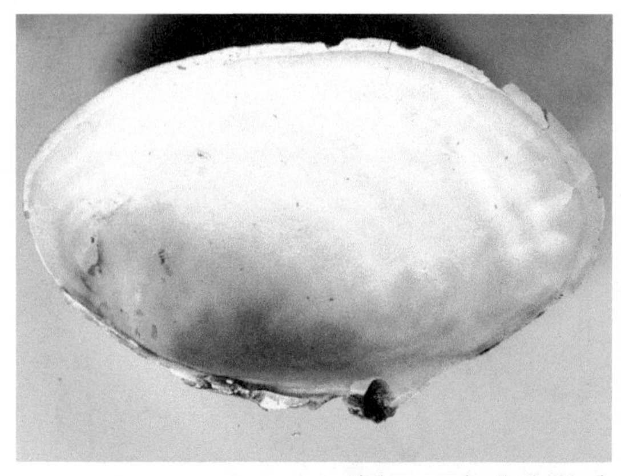

사진 87-5. 펄조개 성패(속면)

사진 87-6. 펄조개 서식지(김제 저수지)

사진 87-7. 펄조개 서식지(금강 중류)

한글명으로 찾아보기

〈갑각류〉

〈패류〉

학명으로 찾아보기

〈갑각류〉

〈패류〉

참고문헌

1. 한국과학재단. 윤성명. 1998. 한국산 대형 새각류(갑각상강, 새각강)의 분류 및 생태에 관한 연구 보고서

2. 曺圭松편저. 1993. 韓國淡水動物플랑크톤圖鑑

3. 한국논습지NGO네트워크엮음. 2001. 논생물도감. P.43-50,P.92-97

4. 權伍吉, 朴甲萬, 李俊相. 2006. 原色韓國貝類圖鑑

5. 閔德基編著. 2004. 韓國貝類圖鑑

6, Masuzo ueno. 1986. 日本淡水生物學

7. 滋賀県の王里科教材研究委員会. 2005. 日本の淡水プランクトン図解ハンドブック. p.114~128

8. 水野寿彦,高彦橋永治編. 2000. 日本淡水動物プランクトン検索図説

9. 田中正明. 2008. 日本淡水産動植物プランクトン圖鑑

10. 増田水. 2004. 日本産淡水貝類圖鑑

11. 近藤繁生, 谷辛三, 高崎保郎, 益田芳樹. 2005. たの池と水田の生き物図鑑(動物編)

12. 養父志乃夫. 2005. 田んぼビオトープ入門

13. 內山りゆう. 2005. 田んぼの生き物図鑑

14. 農村環境整備センター企劃, 湊 秘作編著. 2006. 田んぼのおもしろ生きもの図鑑

15. 飯田市美術博物館엮. 2006. (百姓仕事がつくるフィールドガイド) 田んぼの生き物

논 생태계 수서갑각류 및 패류 도감

1판 1쇄 인쇄 2019년 04월 10일
1판 1쇄 발행 2019년 04월 20일
저 자 농촌진흥청
발 행 인 이범만
발 행 처 **21세기사** (제406-00015호)
경기도 파주시 산남로 72-16 (10882)
Tel. 031-942-7861 Fax. 031-942-7864
E-mail : 21cbook@naver.com
Home-page : www.21cbook.co.kr
ISBN 978-89-8468-833-9

정가 20,000원